Jon Smith

Das Google Kompendium

Alles, was Sie über Google wissen müssen

Midas Computer Verlag

Das Google Kompendium
Alles, was Sie über Google wissen müssen

© 2010 Midas Computer Verlag AG, Zürich
ISBN 978-3-907020-81-4

Smith, Jon:
Das Google Kompendium – Alles, was Sie über Google wissen müssen
Zürich: Midas Computer Verlag AG

Titel der englischen Ausgabe:
Get into bed with Google, © 2010 Infinite Ideas, Oxford
Übersetzung und Bearbeitung: Gregory C. Zäch

Lektorat: Stefanie Barthold, Berlin
Fachliche Beratung: Guido Pelzer, Baesweiler
Konzeption und Koordination: Agentur 21, Zürich

Druck- und Bindearbeiten: Media-Print, Paderborn
Printed in Germany

Midas Computer Verlag AG, Dunantstrasse 3, CH 8044 Zürich (www.midas.ch)

Inhaltsverzeichnis

Einleitung

Es gibt zwei Arten von Webseiten: solche, die einfach nur da sind, und solche, die funktionieren und ihren Zweck erfüllen. Es ist schön und gut, wenn Sie ein Flash-Intro in Ihre Seite einbauen, ein cleveres Warenkorbsystem integrieren und auch sonst mit vielen netten Funktionen aufwarten, um Ihre Kunden zu beeindrucken. Aber was ist, wenn diese potenziellen Kunden Sie gar nicht erst finden? Was nützt Ihnen die attraktivste Webseite, wenn sie nicht in den wichtigsten Suchmaschinen sichtbar ist – insbesondere bei Google?

Wenn die erwarteten Kunden Ihre Webadresse nicht kennen – und das ist bei den meisten Benutzern der Fall –, versuchen sie, das Gesuchte durch Eingabe von Schlüsselwörtern oder Fragesätzen zu finden, und wenn Ihre Seite dann nicht in den Ergebnislisten auftaucht, dann können Sie ebenso gut auf sie verzichten. So einfach ist das.

Ihr oberstes Ziel sollte es deshalb sein, Ihre Webseite Google-freundlich zu gestalten und Techniken der Suchmaschinenoptimierung (SEO = Search Engine Optimization) anzuwenden. SEO ist nämlich genau das, was in der Modewelt die Farbe Schwarz ist: immer angesagt, aktuell und jederzeit adäquat.

Die Kosten variieren je nach Aufgabenstellung. Vergewissern Sie sich also sowohl bei den preiswertesten als auch bei den teuersten Dienstleistungsunternehmen stets, ob diese ihr Geld wert sind. Denken Sie aber auch daran, dass Sie bereits eine ganze Menge ohne die Hilfe externer Profis bewerkstelligen können – kostenfrei und lediglich durch ein wenig Zeiteinsatz. Dieses Buch zeigt Ihnen, wo Sie konkret ansetzen müssen, und wird Sie in die Lage versetzen, sowohl Ihrem SEO-Dienstleister als auch sich selbst die richtigen Fragen zu stellen.

Suchmaschinenoptimierung und im Besonderen Google zu ignorieren, wäre fatal, denn wenn Sie eine Firmenwebseite nicht bloß zum persönlichen Vergnügen, sondern mit einem konkreten Ziel betreiben, kommen Sie nicht an SEO-Techniken vorbei. Wäre ich Inhaber eines Wettbüros (was ich zum Glück nicht bin), würde ich sagen, dass meine Erfolgschancen mit oder ohne SEO-Kenntnisse etwa identisch sind. Als Internet-Projektmanager hingegen (der ich tatsächlich bin) können Sie ohne SEO-Techniken gleich dichtmachen, denn ohne Weboptimierung ist Ihre Seite wertlos. Im E-Commerce die Suchmaschinenoptimierung zu vergessen, ist in etwa so, als würden Sie Ihr Ladengeschäft mit einer hohen Backsteinmauer gegen vorbeilaufende Passanten abschirmen. Im Grunde machen Sie mit SEO nichts anderes, als potenziell interessierten Benutzern den Zugang zu Ihrem Laden zu erleichtern. Verzichten Sie darauf, bleibt Ihre Webseite ein winziger Teil des großen Internetrauschens, wird aber sicher nie dort sein, wo die Musik spielt.

Wie sollen Sie dieses Buch anwenden? Ganz einfach: Sie können an einer beliebigen Stelle einsteigen, ein Kapitel lesen und dann zu einem anderen blättern. Sie können das Buch aber auch von der ersten bis zur letzten Seite systematisch durcharbeiten. Die 52 Ideen, die am Ende jedes Kapitels zu finden sind, bieten Ihnen direkt umsetzbare Praxistipps, mit denen Sie sofort einen sichtbaren Nutzen erzielen. Gerade wenn Ihr Budget eher bescheiden ist, hilft Ihnen bereits eine Handvoll einfach zu realisierender Vorschläge dabei, Ihre Webseiten-Rankings entscheidend zu optimieren und die Ziele Ihrer Firma besser zu erreichen.

Wenden Sie alle 52 Tipps an, finden deutlich mehr Leute Ihre Webseite und kaufen mehr Ihrer Produkte. Viel mehr Menschen kennen und schätzen Ihre Seite und kommen immer wieder gern zu ihr zurück. Das ist Ihr Ziel, gehen Sie es an!

1

Was macht Google so besonders?

Gibt es denn nichts anderes?

Google hier und Google da! Wie steht's denn eigentlich mit Yahoo!, AltaVista, Bing und all den anderen Suchmaschinen? Meine Mutter sagte immer: »Leg nicht alle Eier in einen Korb.«

Sag es mit Zahlen

Wenn ein Internetnutzer nicht in der Lage ist, Ihre Webadresse (URL = Uniform Resource Locator) zu erraten, wird er eine Suchmaschine verwenden, um Sie zu finden. Von allen Webseitenbesuchern, die – zumindest in den USA und in Großbritannien – im Jahr 2005 via Suchmaschine weitergeleitet wurden, kam die Mehrzahl über Google, die mit großem Abstand meistverwendete Suchmaschine. Google ist der größte »Weiterleiter« von Besuchern – in Großbritannien waren es 70 Prozent, in den Vereinigten Staaten 60 Prozent aller Suchen. Eine im Januar 2010 von der Berliner Webtrekk GmbH veröffentlichte Studie besagt, dass im vierten Quartal 2009 in Deutschland sogar 88 Prozent der Besucher den Weg über Google suchten. Eine beeindruckende Zahl.

Ähnlich wie Tempo bei Taschentüchern hat Google innerhalb weniger Jahre eine dermaßen große Überlegenheit gewonnen, dass der Firmenname inzwischen synonym für den Vorgang des Suchens im Internet verwendet wird. Sogar im Duden ist der Begriff »googeln« mittlerweile zu finden.

Alleinstehende Geschäftsleute, die nach Gesellschaft und Dates suchen, googeln potenzielle Essensbegleitungen. Eltern googeln eine Schule, um zu entscheiden, ob sie für die Ausbildung ihres Kindes geeignet ist. Jobbewerber googeln nach interessanten Fakten über die Firma, bei der sie sich vorstellen (und umgekehrt). Fast jeder Internetnutzer verwendet Google, und zwar in der Regel sehr intensiv und regelmäßig.

Momentan, also in 2010, hat Google das Internet fest in der Hand. Wir alle gehen auf Tuchfühlung mit Google – mal mehr, mal weniger.

Einfach den Schalter umlegen?

Als E-Business-Berater und freiberuflicher E-Consultant treffe ich viele Firmen, die bereits eine Webseite haben. In erster Linie wollen sie deshalb alle dasselbe: eine gute Sichtbarkeit bei Google. Aber es gibt keinen magischen Schalter, es gibt kein sofortiges Allheilmittel. Eine gute Beziehung zu Google kostet viel Zeit. Jedes Unternehmen wünscht sich schnelle Ergebnisse, aber Google ist mehr an einer Langzeitpartnerschaft interessiert. Das mag auf den ersten Blick völlig konträr zu allem sein, was wir über das Web hören – denken Sie nur an die unzähligen Erfolgsgeschichten zum Thema »Reichtum über Nacht«, an Webseiten, die in wenigen Wochen von null auf hundert schnellen, oder an Server, die den Massenandrang von Kunden nicht mehr bewältigen können.

Aber so läuft es bei Google nicht. Lassen Sie sich ernsthaft auf Google und die Philosophie dieser Firma ein, und es wird etwas zurückkommen. Erst wenn Sie verinnerlicht haben, was Google seinen Anwendern bieten möchte, können Sie ein gutes Verhältnis zu der Suchmaschine aufbauen. Und wenn Sie das lange und konsequent genug machen, dann wird nicht bloß eine gute, sondern eine wirklich starke und langfristige Beziehung daraus entstehen.

Der Feind in meinem Bett

Leider macht es Ihnen Google nicht gerade leicht. Sicher wäre es praktisch, wenn Google eine FAQ-Seite mit den am häufigsten gestellten Fragen oder gar einer Checkliste ins Netz stellen würde, auf der Entwicklern und Webseitenbetreibern systematisch dargelegt wird, wie man am meisten Beachtung bei der Suchmaschine einheimst. Aber da muss ich Sie leider enttäuschen, denn so etwas gibt es nicht. Wieso nicht? Google ist es leid, sich mit »supercleveren« Leuten herumzuschlagen, die das System für ihre Zwecke missbrauchen wollen. Die Lösung: Wenn es kein offensichtliches System gibt, dann ist es auch viel schwieriger, es zu knacken und Missbrauch zu betreiben.

Und diese Strategie funktioniert. Deshalb gibt es kein offizielles, von Google autorisiertes Manual, sondern lediglich inoffizielle wie das »Google Kompendium«, das Sie gerade in Händen halten.

Das sollten Sie ausprobieren:

Lassen Sie uns zunächst betrachten, wo Sie im Augenblick stehen. Tippen Sie Ihre URL, also Ihren Domainnamen (ohne »www.«) bei Google ein. Sind Sie auf Seite eins, zwei oder drei zu finden? Tippen Sie jetzt den Namen eines Ihrer erfolgreichen Produkte oder Ihrer Dienstleistung ein. Stehen Sie immer noch auf einer der ersten Seiten? Okay, es gibt jede Menge Ideen für Sie, um diese Listung zu verbessern und dafür zu sorgen, dass Sie nicht bloß an der Spitze der ersten Seite stehen, sondern dort systematisch Links zu separaten Teilen Ihrer Webseite platzieren können.

2

Ich möchte die Nummer eins sein

Schauen Sie auf die Details

Egal welchen Suchbegriff ich wähle, mein Mitbewerber ist immer Nummer eins. Ich bin noch nicht einmal auf der ersten Seite. Wie kann ich da Schritt halten?

Ein kleiner Baustein

Ganz egal, welches Produkt oder welche Dienstleistung Ihre Firma auf dem Markt anbietet, Sie können sicher sein, dass Sie Teil eines sehr umkämpften Marktplatzes sind. Ihre Webseite ist nicht die erste auf diesem Marktplatz und wird sicher auch nicht die letzte bleiben. Dies zu verstehen und – noch viel wichtiger – zu akzeptieren, nämlich, dass Sie nicht der einzige Player im Markt sind, ist eine wichtige Grundlage, um sicherzustellen, dass Sie erfolgreich sind. Ich meine es ernst. Denn nur die wenigsten Ideen sind einzigartig, ebensowenig wie die Entscheidung, das Web als Verkaufskanal zu nutzen. Meistens hat irgendjemand dasselbe schon einmal mehr oder weniger erfolgreich gemacht und ist dadurch gewiss schon länger dabei als Sie. Andere werden folgen. Aber lassen Sie sich davon nicht entmutigen.

Ego-Keywords

In jeder Branche gibt es sogenannte Toplevel-Keywords. Als Betreiber einer Webseite für Holzspielzeug war ich seinerzeit total begeistert vom Keyword »Spielsachen« (engl. »toys«). Aber wie mir schnell klar wurde, musste ich mit diesem Schlagwort gegen so weltbekannte Firmen wie Toys'R'Us und ToyMaster ankämpfen. Wir jedoch waren in einem ganz anderen Markt tätig und konnten in Sachen Marketingbudget einfach nicht mithalten. Aus den vielen Klicks, die wir für das teure Keyword »Spielsachen« bezahlen mussten, resultierten keine Verkäufe.

Wie es dazu kam? Wir hatten ein Spezialangebot: traditionelle Holzspielsachen, Fingerpuppen, hochwertige Kinderpuppenwagen sowie sehr ausgefallene Kleider und Schuhe für Kinder. Die Leute, die das Keyword »Spielsachen« eintippten, suchten aber kein traditionelles Holzspielzeug, sondern den letzten Schrei, den sie im Fernsehen gesehen hatten und der fast ausnahmslos aus Plastik bestand. Genau das war nicht die Sorte von Spielzeug, die wir in unserem Angebot hatten. Wir verkauften zwar ebenfalls Spielsachen, aber eben nicht das, wonach die meisten Leute mit Hilfe des Keywords »Spielsachen« im Internet suchten.

Speziell und einzigartig

Ihre potenziellen Kunden sind oft speziell in der Form, dass sie erhöhte Aufmerksamkeit benötigen, und einzigartig, da sie ausschließlich an ihre eigenen Bedürfnisse denken. Wir alle tun uns leicht damit, Internetuser in ein bestimmtes Schema zu pressen, aber in Wirklichkeit sind alle User sehr unterschiedlich und reagieren in der Regel sensibel auf die Kategorisierung ihrer Internetgewohnheiten. Ebenso sensibel, wie sie mit ihren tagtäglichen Entscheidungen umgehen. Also behandeln Sie Ihre Kunden als das, was sie sind: Individuen.

Das sollten Sie ausprobieren:

Was sind Ihrer Meinung nach die drei Top-Keywords, von denen Sie glauben, dass sie zurzeit wichtig für Ihre Webseite sind? Kennen Sie die? Okay, dann vergessen Sie sie sofort wieder, denn momentan sind sie unwichtig. Machen Sie stattdessen lieber eine Liste der zehn Keywords, die Sie für die zweitwichtigsten halten. Das sind die Nischenwörter, die wirklich wichtigen Begriffe, die Sie reich machen werden. Notieren Sie diese Wörter, denn später werden wir sie noch brauchen und gewinnbringend einsetzen..

3

Organisch, aber kein Joghurt ...

Natürlich oder bezahlt?

Ganz egal was Sie von »guten« Bakterien halten – es gibt einen großen Unterschied zwischen gesunden und ungesunden Listungen.

Laut einer Studie von iProspect nehmen 33 Prozent der Internetuser eine Firma, die in den oberen Rängen einer Suchmaschine auftaucht, als wichtiges, einflussreiches Unternehmen wahr.

Zahlen Sie dafür, wenn Sie wollen

Ich bin nicht grundsätzlich gegen bezahlte Listungen, ganz und gar nicht. Eine gute AdWords-Kampagne kann und wird Ihnen Profit für Ihre Webseite bringen, wenn Sie es geschickt anstellen. Aber bevor wir den Weg der bezahlten Platzierung gehen, sollten wir sicherstellen, dass Ihre Webseite suchmaschinenfreundlich und die Listung beziehungsweise das Ranking gut ist – und zwar anfangs noch ohne finanzielle Mittel dafür aufzuwenden. Instrumente wie AdWords gehen immer ins Geld, ganz besonders wenn man schnelle Ergebnisse anstrebt. Machen Sie ruhig eine Kampagne, aber vergewissern Sie sich, dass Sie Ihre Webseite so positionieren, dass sie auch in den organischen, sprich unbezahlten Listungen erscheint.

Ihr Ziel sollte es dabei immer sein, in den organischen Listen möglichst weit oben zu erscheinen und zusätzlich in der AdWords-Spalte aufzutauchen. Zwei Listungen auf Googles Seite eins sind besser als eine.

Der User ist auf Zack

Der durchschnittliche Internetuser wird immer schlauer. Mittlerweile weiß er, dass die Resultate am Kopf einer Suchseite und diejenigen in der rechten Spalte nur dort stehen, weil jemand für dieses Privileg bezahlt hat. Aus diesem Grund werden viele Leute explizit nicht darauf klicken, sondern es vorziehen, die organischen Resultate durchzugehen – also die Seiten, die dort auftauchen, weil die Suchmaschine ihnen einen inhaltlichen Wert beimisst und nicht das Marketingbudget in Betracht zieht. Dies ist Grund genug für Sie, auch in dieser natürlichen Liste aufzutauchen.

Das sollten Sie ausprobieren:

Um ein Gefühl dafür zu bekommen, wie die Unterschiede zwischen bezahlten und organischen Listen aussehen, sollten Sie ein paar Suchläufe bei Google durchführen. Nehmen Sie testweise die Begriffe »Poster«, »Auktion« oder »Spielzeug«. Bemerken Sie ein Muster? Gibt es Firmen, von denen Sie glaubten, dass sie eigentlich für die Platzierung zahlen, dies aber gar nicht tun? Machen Sie jetzt eine spezifische Suche innerhalb Ihrer Branche. Erscheint Ihre Firma überhaupt auf der ersten Seite? Wer sind Ihre Mitbewerber? Haben diese eine gute natürliche Listung und/oder eine bezahlte Platzierung? Indem Sie verstehen, was andere innerhalb Ihres Marktes wie tun, werden Sie ziemlich schnell herausfinden, was Sie selbst unternehmen müssen, um effektiv im Wettbewerb mithalten zu können.

WEB
widgets
arch
Thousands of Widgets for
tincidunt arcu. Nullam sodales odio
dui sit amet scelerisque commodo,
12k - Cached - Similar
pretium nisi

4

Schiefe Sicht

Wie Google Ihre Seite sieht

Ich möchte zum Namen werden, an den jeder denkt, wenn von Staubsaugern die Rede ist ... Aha. Setzen Sie sich realistische Ziele, streben Sie nach diesen und genießen Sie die Resultate.

Das hehre Ziel, Nummer eins bei Google zu sein, zeigt nur die generelle Missachtung und Unkenntnis der meisten Leute, was Google und Suchmaschinen im Allgemeinen anbelangt. Ihr Hauptinteresse sollte bei den »Cash Cows« liegen, also den Goldeseln, den zahlenden Kunden, und das sind eben nicht die zufälligen Surfer, die so allgemeine Begriffe wie »Spielzeug«, »Bücher« oder »Blumen« eintragen. Das Ganze läuft wesentlich spezifischer und gezielter ab. Ihre und meine Kunden suchen nach einem bestimmten Objekt oder einer konkreten Dienstleistung, sie suchen das Nischenprodukt, und zwar hier und jetzt.

Obwohl Markenpflege natürlich sehr wichtig ist, wird ein Kunde nicht nach einer bestimmten Firma Ausschau halten, wenn er einen handgebundenen Blumenstrauß bis morgen früh um 10 Uhr braucht und sämtliche Anbieter eine pünktliche Lieferung garantieren. Dieses Prinzip trifft auf fast alle Bereiche zu.

Googles Perspektive

Max Mustermann möchte die Nummer eins sein. Ich allerdings auch, mein Mitbewerber ebenfalls, und so geht die Liste weiter. Es ist ziemlich offenkundig, dass nicht alle Nummer eins sein können: Wenn also jemand nach einem handgebundenen Blumenstrauß sucht, so ist das exakt das, was er auch als Suchbegriff bei Google eingibt. Vielleicht ergänzt er seine Eingabe noch durch einen Standort, also die Stadt, in der er sich befindet oder Blumen verschenken möchte. Sind Sie also ein Blumenhändler in München, ist es für Sie wesentlich sinnvoller, sich darauf zu beschränken, die Nummer eins für den Suchbegriff »Blumenhändler, München« sein zu wollen oder unter »Grabschmuck, München« aufzutauchen, anstatt mit riesigem Aufwand danach zu streben, unter dem Oberbegriff »Blumen« zu erscheinen.

Ihr Plan

Welche Formulierungen verwenden Ihre Kunden, um Sie und Ihre Firma zu finden? Bei welchen Begriffen sollten Sie also zwingend in der Ergebnisliste auftauchen? Und was können Sie tun, um daraus den größtmöglichen Nutzen zu ziehen? Ganz einfach: Finden Sie heraus, welche Suchbegriffe und Formulierungen Internetanwender tatsächlich verwenden, und behalten Sie die Entwicklung über mehrere Monate im Auge, um von dieser ständig wechselnden Information zu profitieren. Google liefert Ihnen dafür glücklicherweise ein perfektes Werkzeug: das Keyword-Tool von Google AdWords *(https://adwords.google.de/select/KeywordToolExternal)*.

Das sollten Sie ausprobieren:

Gehen Sie zu folgender Webseite: **https://adwords.google.de/select/ KeywordToolExternal.** Dies ist Googles Keyword-Tool. Tippen Sie dort einfach das Schlüsselwort ein, das Sie unter die Lupe nehmen wollen. Der Nutzen des cleveren Tools besteht darin, dass auch verwandte Resultate wiedergegeben werden. So kann Ihnen eine einfache Suche eine große Menge an relevanten Daten über Keywords geben, die Sie auswerten können. Dabei werden Ihnen auch Begriffe gezeigt, nach denen Sie gar nicht gesucht haben. Auf diese Weise können Sie innerhalb weniger Minuten herausfinden, an welcher Stelle Sie sich vielleicht in Ihrer Zielgruppe geirrt haben. Auch erhalten Sie Hinweise darauf, welche Angaben in den Meta-Informationen und dem Body-Text Ihrer Seite ergänzt werden müssen oder ob Sie sogar mehrere Webseiten im Internet platzieren sollten, um Ihr Produkt oder Ihre Dienstleistung besser auffindbar zu machen.

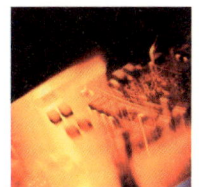

5

Machen Sie Daten sichtbar

Wecken Sie den Sherlock Holmes in Ihnen

Marktforschung ist für jede Art von Business wichtig. Wie verhalten sich Ihre Mitbewerber? Wie entwickelt sich der Markt? Entstauben Sie schon mal das Vergrößerungsglas, holen Sie das abgewetzte Tweedjackett hervor und spielen Sie Detektiv.

Googles Keyword-Tool ist zwar ein guter Start, aber es ist jedem frei zugänglich. Wo können Sie also noch mehr herausfinden? Es gibt eine große Anzahl von Webseiten, die geschäftsrelevante Informationen über Schlüsselwörter bieten. Für einige müssen Sie zahlen, für andere nicht.

Ich werde mich im Folgenden auf die Webseiten konzentrieren, bei denen Sie bezahlte Informationen erhalten. Diese sind leistungsfähig und präzise, sodass sich hier ein Investment über einen längeren Zeitraum in der Regel auszahlt.

www.wordtracker.com

Viel zu oft glauben wir zu wissen, welche Keywords die Kunden verwenden, und genauso meinen wir, sicher zu sein, welche und wie viele Konkurrenten wir »da draußen« haben. Das mag im nichtvirtuellen Leben auch der Fall sein, aber im Internet ist nur ein Programm wie Wordtracker in der Lage, dies wirklich genau und vor allem nach Kategorien aufgeschlüsselt zu dokumentieren. Gehen Sie zur angegebenen Webseite und tippen Sie die Schlüsselwörter und Formulierungen ein, denen Sie nachgehen wollen.

Eine interessante Funktion von Wordtracker ist die Anzeige, wie viele andere Anwender am selben Tag nach einem bestimmten Wort gesucht haben. Für Sie ist das ein Indiz dafür, wie der Wettbewerb in Bezug auf dieses Keyword aussieht. Wordtracker liefert Ihnen die Resultate als numerische Aufzählung – auch Keyword-Effizienz-Index (KEI) genannt –, sodass Sie sofort über Ihre Konkurrenz im Bilde sind. Wenn Sie Glück haben, werden Sie einige Wörter oder Formulierungen finden, die einen KEI-Wert von mehr als 300 aufweisen, was nichts anderes bedeutet, als dass es sich hier um ein sehr populäres, aber (noch) von wenigen Mitbewerbern eingesetztes Keyword handelt. Ab einem Wert von 50 macht es Sinn, eine Optimierung vorzunehmen. Sie sollten also Ihre Marketinganstrengungen auf diese Wörter konzentrieren.

Wordtracker können Sie kostenlos als siebentägige Testversion ausprobieren. Das Jahresabo kostet derzeit 329 Dollar.

www.nichebot.com

NicheBOT ist ein praktisches Werkzeug. Die Seite bezieht ihre Daten von Yahoo! und Wordtracker und stellt die dort abgeholten Resultate gesammelt dar. Da NicheBOT eigene Algorithmen verwendet, sollten Sie sich merken, dass eine möglichst tiefe Zahl einen guten Wert darstellt, also konträr zu Wordtracker.

Ich persönlich finde, dass NicheBOT immer dann ein praktisches Werkzeug ist, wenn man nur wenig Zeit hat. Allerdings habe ich schon oft Abweichungen zwischen den Daten von NicheBOT und den Originaldaten von Yahoo! und Wordtracker festgestellt, weshalb ich es vorziehe, immer separate Tests durchzuführen, sofern die Zeit es erlaubt.

Das sollten Sie ausprobieren:

Fügen Sie die beiden zuvor genannten, wichtigen Adressen nicht einfach Ihrer Favoritenliste hinzu, um sich dann vorzunehmen, sie sich irgendwann einmal genauer anzuschauen. Tun Sie es jetzt! Daten im Internet haben eine geringe Halbwertszeit, das heißt sie gelten an dem Tag, an dem Sie nachgeschaut haben. Ein einziger Blick auf die Daten wird Ihnen noch kein Gefühl für Spitzenwerte und Trends geben. Sie sollten sich die Seiten in den nächsten Tagen, Wochen und Monaten immer wieder ansehen, Fakten und Zahlen sammeln und entsprechende Informationen daraus ableiten. Erstellen Sie am besten eine Tabelle mit den wichtigsten Schlüsselwörtern und der damit verbundenen Anzahl von Suchanfragen. Erkennen Sie bestimmte Muster, Trends oder Fluktuationen, die eventuell in den nächsten zwölf Monaten eine Auswirkung auf Ihr Geschäft haben könnten?

6

Metadaten aufmotzen

Die versteckte Nachricht

Ihre Mitteilung an die Suchmaschinen ist oft im HTML-Code Ihrer Seite versteckt. Der ist zwar unsichtbar, aber ungemein wichtig. Hier ein paar Hinweise, wie Sie Ihre Metadaten aufmotzen können.

Ihr Plan

Von allen Informationen, die Sie in Ihre Webseite einbauen können, ist der Titel bei Weitem die wichtigste und von Google am meisten geschätzte. Die Rede ist von dem Text, der oberhalb der URL-Zeile des Browsers für Sie und Ihre Besucher sichtbar ist. Für den Internetanwender ist diese Zeile die Bestätigung, dass er an der korrekten Adresse angekommen ist und Ihre Webseite auch wirklich die ist, nach der er gesucht hat. Würde ich beispielsweise seltene Briefmarken verkaufen, wäre ein Titel ideal, der wiedergibt, was meine Firma ausmacht: etwa Bezeichnungen wie »seltene Briefmarken«, »Sammlerstücke«, »schwierig zu finden« und »für den anspruchsvollen Sammler« oder auch Service-Infos wie »24-Std.-Service«.

Meta-Keywords

Ihre Keywords sind die Worte, von denen Sie glauben, dass Ihre Webseite darunter zu finden sein sollte. Wenn Sie zum Beispiel Skateboards und verwandte Produkte verkaufen, sollten Ihre Schlüsselwörter einige Bezeichnungen enthalten, an denen Skater als Zielgruppe interessiert sind.

Im Englischen würde das so aussehen:

```
<META name="keywords" content="skate shoes, foot-
wear, skateboarding, heelys, skateboards, inline
skates, skate clothing, hoodys, t-shirts, tees,
jeans">
```

Der klassische Fehler aber besteht darin, mit einer guten Liste von Keywords daherzukommen, diese dann aber auf jeder einzelnen Seite zu wiederholen. Machen Sie es besser! Bleiben Sie konkret und spezifisch. Verwenden Sie ein Keyword nur dann, wenn es auf der entsprechenden Seite auch wirklich enthalten ist.

Viele Softwareentwickler sagen, dass Googles Aufmerksamkeit schon lange nicht mehr den Keywords gilt – stimmt! Doch obwohl es in diesem Buch vor allem um Google geht, weise ich Sie darauf hin, dass andere Suchmaschinen sehr wohl noch großen Wert auf Meta-Keywords legen. Ich sehe das so: Erst an dem Tag, an dem zum Beispiel Amazon nicht mehr mit Meta-Keywords arbeitet, werde auch ich damit aufhören. Wer Millionen dafür ausgibt, das Suchverhalten im Web zu erfassen, an dem kann man sich getrost orientieren. Also wählen Sie ein bis zwei Keywords pro Seite, und Sie sind auf der sicheren Seite.

Meta-Description

Was geschieht eigentlich, wenn jemand einen Google-Suchvorgang startet und mit rund einem Dutzend Ergebnissen pro Seite bedient wird? Der Anwender sieht zunächst eine lange Liste von Webadressen und ein paar Zeilen mit einführendem Text zur jeweiligen Webseite. Woher glauben Sie, stammt dieser Text? Wenn Sie keine Meta-Description in Ihre Webseite einbauen, wird er einfach zufällig irgendwo auf Ihrer Seite ausgewählt. Offen gesagt, ist diese Variante aber selten hilfreich für den Anwender. Alternativ dazu können Sie eine sinnvolle Meta-Description einbauen, die eine kurze und aussagekräftige Zusammenfassung Ihrer Webseite darstellt. Sie können damit auch eine Verkaufsbotschaft an Ihre potenziellen Besucher verbinden. Dass ein Besucher auf Ihren Link klickt und nicht auf den eines Mitbewerbers, erreichen Sie durch klare und treffend formulierte Werbebotschaften: Dabei kann es sich um einen griffigen Verkaufstext handeln, einen Teaser, der neugierig macht, oder um eine konkrete Handlungsaufforderung, die den Anwender auf Ihre Seite lenkt.

Anders als früher wird die Meta-Description mittlerweile nur noch bei Google angezeigt, wenn sie Keywords enthält. Das sollten Sie beim Erstellen des Textes unbedingt beachten.

Das sollten Sie ausprobieren:

Schreiben Sie einen deskriptiven Kommentar in Form eines klaren Satzes, der zusammenfasst, welche Informationen und welche Produkte der Anwender auf Ihrer Homepage findet. Dies soll Ihr Titel werden. Wenn Sie mit dem Text zufrieden sind, sollten Sie ihn ein wenig personalisieren, und schon haben Sie Ihre Meta-Description. Aber hören Sie an dieser Stelle nicht auf! Sie haben erst das Problem der Einstiegsseite gelöst – als Nächstes sollten sie diesen Prozess für jede Ihrer Unterseiten wiederholen. Denken Sie dabei immer daran: Weniger ist mehr, und möglichst spezifische Beschreibungen kommen am besten an.

7

Das Schlüsselwort ist schon besetzt

Satellitenseiten

Wenn Sie eine technische Webseite haben und Ihr Firmenname ABC AG lautet, wird es wohl am besten sein, Ihre Webseite www.abcag.de zu nennen, oder? Nein, weit gefehlt.

Guerillamarketing

Unter logischen Gesichtspunkten ist es naheliegend, eine Webseite nach dem Namen der Firma zu benennen. Und in der Tat macht es Sinn, wenn Sie sich zumindest den Domainnamen reservieren, der Ihre Firma benennt, und sei es nur aus Gründen der Reviermarkierung. Wenn Sie sich und Ihre Firma aber effektiv übers Internet vermarkten wollen, sollten Sie ein Verständnis dafür entwickeln, wie Internetuser vorgehen, wie sie denken und wie Ihre Firma demnach am besten zu finden ist.

Ich verbringe meinen Tag damit, Webseitenbetreibern verschiedenster Branchen dabei zu helfen, ihre Seiten zu verbessern, und dafür zu sorgen, dass sie eine höhere Präsenz und Aufmerksamkeit erreichen. Diese Woche hatte ich zum Beispiel ein Meeting mit einem in Birmingham ansässigen Kunden, der Managerseminare anbietet. Bisher war er immer so vorgegangen, wie am Beispiel der ABC AG erläutert. Das wäre grundsätzlich in Ordnung, machte aber in diesem Fall keine Neukunden auf seine Firma aufmerksam.

Eine kleine Suche im Web ergab, dass die folgenden Domainnamen noch frei waren:

- *www.leadership-for-management-training.net*
- *www.management-training-hampshire.co.uk*
- *www.management-training-hampshire.com*
- *www.management-skills-training.co.uk*
- *www.business-management-training.net*

All diese Webseiten erhielten starke Keywords, waren relativ günstig verfügbar beziehungsweise zu regulären Registrierungsgebühren zu haben. Aber übertreiben Sie es nicht mit den Keywords im Domainnamen. Es kommt hier auf ein sinnvolles Maß an.

Fallstudie

Vor einigen Jahren besaß ich mal die Webseite *www.toytopia.co.uk*. Noch heute können Sie über eine Google-Abfrage zahlreiche Hinweise auf diese Firma finden, obwohl sie schon seit über fünf Jahren nicht mehr existiert.

Während die Toytopia-Webseite hinsichtlich Traffic und Kundenakzeptanz sehr gut funktionierte, bemerkten wir, dass einige der Objekte, die wir verkauften, auch im Fernsehen und in den Beilagen der Sonntagsblätter vorgestellt wurden. Dies hatte zwar mit unserer Aktivität nichts zu tun, zeigte uns aber, dass wir offenbar Spielzeug verkauften, das großen Anklang fand und dem Trend entsprach. Diese kostenlose PR wollten wir uns zunutze machen. Ein Blick auf unsere Bestseller zeigte uns, dass »Wheeliebugs« – das ist ein Kinderrutschfahrzeug, eine Art Bobbycar in Käferform – unser Goldesel waren.

Innerhalb von zwei Wochen hatten wir eine neue Webseite aufgesetzt, die den Namen im Titel trug und sich exklusiv dem Thema »Wheeliebugs« widmete. Das Produkt wurde wiederholt in Zeitschriften oder auf anderen Webseiten vorgestellt – wir taten nichts anderes, als einen Verkaufskanal anzubieten, der auf den Keywords basierte, nach denen die Leute suchten und an die sie sich erinnerten. In diesem Fall war es der Name des Produkts. Obwohl die Toytopia-Webseite bereits ganz gut gelistet war, wenn man nach »Wheeliebugs« suchte, zeigte der Umstand, eine Domain mit dem Produktnamen zu besitzen, Wirkung. Die Seite war ein voller Erfolg! Die Reservierung des Domainnamens hatte uns drei Pfund für zwölf Monate gekostet, und weitere 200 Pfund mussten wir ausgeben, um die Seite zu bewerben. Mit dieser bescheidenen Investition war es uns am Ende des ersten Jahres gelungen, rund 140.000 Pfund netto zu verdienen.

Eine kleine Warnung

Wenn Sie keywordstarke Domains kaufen, sollten Sie immer klein anfangen, also jeweils eine eigene Webseite für jede Adresse einrichten. Das ist wesentlich besser, als mit Umleitungen oder sogenannten Redirect-Optionen zu arbeiten, denn das mag Google gar nicht und wird eine Abstrafung vornehmen. Es ist also sinnvoller, eine kleine, aber keywordspezifische Webseite einzurichten, und von dort aus mit einen Link auf Ihre Hauptseite zu verweisen, als alle Anwender automatisch umzuleiten. Wenn Sie Ihre Suchmaschinenoptimierung richtig eingestellt haben, finden Sie in Googles Suchresultaten auf Seite eins sowohl Listungen Ihrer Satellitenseite als auch Ihrer Hauptseite. Durch diese Mehrfachlistung gelingt es Ihnen noch besser, Ihre Mitbewerber auf die hinteren Ränge zu verweisen.

Das sollten Sie ausprobieren:

Verwenden sie eine große Auswahl von Suchmaschinen, finden Sie heraus, welche Keywords verwendet werden, und ermitteln Sie die Zahl der User, die täglich oder monatlich danach suchen. Ist dieser Traffic interessant für Sie? Würden ein oder zwei Prozent dieser Kunden Ihrer Firma guten Umsatz bringen? Wenn ja, ist es an der Zeit, Satellitenseiten aufzusetzen, die so viel Traffic wie möglich auffangen.

8
Analysieren Sie

Google Analytics

Wenn Sie nicht wissen, wie Sie heute mit Ihrer Webseite dastehen, können Sie auch nicht herausfinden, ob Optimierungen etwas bringen.

Die Anmeldung

Google Analytics ist ein sehr beliebter Service. So beliebt, dass es schon mal einige Tage dauern kann, bis Sie zugelassen werden. Rufen Sie sich das in Erinnerung und starten Sie den Anmeldeprozess so früh wie möglich. Wenn Sie dann registriert sind, werden Sie mit ein paar Zeilen Programmcode ausgestattet, die Sie in jede Unterseite Ihrer Webpräsenz integrieren müssen, die Google unter die Lupe nehmen soll. In der Regel werden das alle Seiten sein. Username und Passwort werden Ihnen Zugang zu einem großen Pool an Webseitenstatistiken verschaffen.

Google Analytics in Kurzform

Worum geht es überhaupt? Google Analytics ist ein großartiges Werkzeug, um visuell zu überprüfen, was auf Ihrer Seite hinsichtlich des Datenverkehrs passiert: wie viele Leute Sie besuchen, wonach sie suchen, wie lange sie bleiben und woher sie kommen. Nicht schlecht, oder? Und das alles umsonst. Mit den gesammelten Daten werden Sie künftig besser in der Lage sein, konkrete Vorgaben und Ziele für die Performance Ihrer Seite zu definieren. Zudem steht Ihnen ein einfach zu bedienendes grafisches Interface zur Verfügung. Wenn Sie bereits AdWords verwenden oder es vorhaben, ist es sinnvoll, sich gleich für beide Programme anzumelden, da sie sehr stark miteinander arbeiten.

Noch andere Vorteile?

Zwar hebt Google es nicht explizit hervor, aber ich werde das Gefühl nicht los, dass die Suchmaschine sehr wohl einen Unterschied macht, ob jemand mit Analytics arbeitet oder nicht. Daraus lässt sich zumindest ablesen, welchen Stellenwert Google bei Ihnen beziehungsweise Ihrer Webseite hat. Es gibt keinen offiziellen Beweis, aber ich liege mit meiner Vermutung wohl nicht ganz falsch, dass Loyalität und Akzeptanz bei Google nicht unbemerkt bleiben und einen Einfluss darauf haben, wie oft Ihre Seite vom Googlebot besucht wird.

So ist das Gesetz

In einigen Ländern, auch in Deutschland, müssen Sie auf Ihrer Webseite deutlich darauf aufmerksam machen, dass Sie Google Analytics verwenden. Ich persönlich würde Ihnen raten, dass Sie Analytics in Kombination mit einem eigenen Statistikprogramm anwenden, was mittlerweile Standard bei den meisten Providern ist. Ich will damit nicht sagen, dass Google Analytics fehlerhafte Angaben macht, aber Sie sollten nie vergessen, dass auch Google letztlich nur eine Firma ist, die Gewinne machen will und die eigenen Tools sicher nie schlecht aussehen lässt. Es ist durchaus interessant, die Daten beider Quellen miteinander zu vergleichen und auf die Unterschiede zu achten. Normalerweise sollten sämtliche Quellen dasselbe aussagen, doch genau das ist nicht immer der Fall. Es kommt immer auf die Art der Messung und der Interpretation an.

Das sollten Sie ausprobieren:

Rufen Sie **www.google.com/analytics** auf und melden Sie sich an. Nach der Bestätigung fügen Sie den Programmcode in Ihre Webseite ein, und innerhalb von 24 Stunden erhalten Sie präzise Daten über die Aktivitäten auf Ihrer Seite. Wiederholen Sie diesen Vorgang für jede Webseite und Domain, die Sie unterhalten. Mit einem Analytics-Account können Sie beliebig viele Domains überwachen.

9

Das Ziel bin ich

Über die Wichtigkeit eingehender Links

Früher funktionierte es ganz einfach: Ich habe eine Webseite, du hast eine Webseite, also lass uns gegenseitig einen Link setzen. Heutzutage würde das weder Ihnen noch Ihrem Kollegen helfen. Die Regeln haben sich geändert.

Auf die Eingänge kommt es an

Da viele Leute das alte System missbraucht haben, werden jetzt alle dafür bestraft. Ich sollte die Webseite eines Freundes oder eines Geschäftspartners auf meiner Seite lieber nicht mehr angeben, es sei denn, sie hat direkten Bezug zum Inhalt meiner Seite. Vorbei sind die Tage, an denen Sie auf eine »Link-Seite« verweisen konnten, auf der man ein Sammelsurium interessanter, spannender oder gar witziger Webseiten fand. Wenn eine Webseite heutzutage so vorgeht, wird sie mit hoher Wahrscheinlichkeit von Google abgestraft. Es ist deshalb im Interesse des Webseitenbetreibers, übermäßig lange und völlig themenfremde Linklisten zu entfernen, die seine Position in den Suchranglisten nicht positiv beeinflussen. Das bedeutet, die Sammelsurium-Links zu entfernen und nach qualitativ guten und aus Sicht des Googlebots wertvollen Verlinkungen Ausschau zu halten. Aber welche sind denn nun die guten?

PageRank

Schon was den Namen anbelangt, gibt es einige Verwirrung. Der PageRank bezeichnet die Position Ihrer Webseite, aber der Name leitet sich eigentlich von Larry Page ab, einem der beiden Gründer von Google. Er dachte sich vor langer Zeit einen Algorithmus aus, mit dem er einer Webseite (page) einen numerischen Wert zuweisen konnte. Dies mit dem

Zweck, die Relevanz, Kompetenz und Klarheit eines Inhalts zu messen. Der numerische Wert wird als Zahl zwischen 0 (= schlecht) und 10 (= gut) angegeben und soll die Beliebtheit und »Nützlichkeit« einer Webseite reflektieren, wofür auch noch weitere Faktoren herangezogen werden. Aber wir konzentrieren uns hier erst einmal auf die Relevanz der Links.

Und was ist mit ausgehenden Links?

Zwar sollten Sie nicht Ihr Hauptaugenmerk darauf richten, doch es geht ja darum, Ihre Webseite sowohl suchmaschinen- als auch anwenderfreundlich zu machen, und da kann es sinnvoll sein, Ihren Besuchern einen Zusatznutzen zu bieten. Wenn Sie ein Produkt verkaufen, könnte dies zum Beispiel ein Link zur Herstellerfirma sein oder zu einer Fanseite mit Stimmen begeisterter Anwender. Natürlich sollten Sie immer darauf achten, dass Ihre Webseite suchmaschinenfreundlich ist, aber Sie sollten auch nicht gleich neurotisch werden. Denken Sie immer daran, dass Ihr Kunde ein Mensch ist und nicht der Googlebot. Wenn Sie also glauben, das Leben Ihrer Anwender mit wertvollen Links bereichern zu können, dann tun Sie das. Richtig eingesetzt, gibt dies dem Kunden ein Gefühl von Sicherheit und Glaubwürdigkeit und er ist eher bereit, sich für Ihr Produkt oder ihre Dienstleistung zu entscheiden. Und das ist es doch, was Ihre Webseite zu einem Erfolg macht – nicht bloß Google.

Das sollten Sie ausprobieren:

Laden Sie die Google Toolbar herunter: **www.google.com/tools/firefox/ toolbar.** Wenn Sie statt Firefox einen anderen Webbrowser verwenden, starten Sie diesen, gehen zur Google-Suche und tippen dort einfach »Google Toolbar« ein. Google erkennt den von Ihnen verwendeten Browser und wird umgehend mit einer passenden URL antworten. Die Google Toolbar bietet Ihnen eine große Anzahl von Werkzeugen und – noch viel wichtiger – zeigt Ihnen den PageRank jeder Seite an, die Sie besuchen. Einige Beispiele von Webseiten mit hohem PageRank sind **www.bbc.co.uk** oder **www.google.com,** was Sie nicht wirklich überrascht, oder? Für eine detaillierte Erklärung zu den mathematischen Formeln und Algorithmen hinter Googles PageRank können Sie auch den ausführlichen Wikipedia-Eintrag abrufen: **http://de.wikipedia.org/wiki/PageRank.**

Der PageRank ist für sich allein gesehen nicht mehr so wichtig wie früher, da er nur noch einer von mehreren Faktoren ist. Er lässt sich übrigens auch mit Hilfe einer speziellen Erweiterung für den Browser Firefox abfragen.

10

Wer sucht nach Ihnen?

SS, people, plan, p
, corporate, people
communication, ou
efficiency, electro
ok, people, person
ed, straight, web, v

Ausrichtung von Schlüsselwörtern

Verschiedene Studien haben ergeben, dass nur ein geringer Anteil aller Webseiten überhaupt Suchoptimierungsmaßnahmen trifft. Wenn Ihnen klar ist, was das bedeutet, haben Sie bereits den ersten Schritt nach vorn gemacht.

Viel zu spezifisch – oder etwa nicht?

Wenn Sie Marlene auf ihren Domainnamen *www.Marlenes-Kuchen.de* ansprechen und sie fragen, wo sie im Google-Ranking steht, wird sie natürlich behaupten, auf Platz eins zu sein. Aber sie bezieht sich dabei nur auf die Suchvorgänge, die mit den Keywords »Marlene« und »Kuchen« gemacht wurden – und genau das ist eben nicht die Art und Weise, wie die Leute suchen. Da niemand Marlene kennt, geben die Leute auf der Suche nach Kuchen eher allgemeine Begriffe wie »Kuchen«, »Hochzeitstorte« oder »Geburtstagstorte, Frankfurt« ein. Marlene und ihre Seite existieren gar nicht – zumindest nicht für die Suchmaschinen, denn sie hat ihre Seite nicht entsprechend optimiert. Der normale Anwender wird also zu den Webseiten gelenkt, die aus der Verwendung von generischen Keywords Kapital schlagen. Die Seite, die in den Suchresultaten erscheint, gewinnt den Kunden – selbst wenn sich der Anbieter am anderen Ende der Welt befindet. Marlene mag zwar das passendste Angebot haben, doch da sie niemand findet, ist ihre Webseite praktisch inexistent.

Passende Formulierungen finden

Es ist schön und gut, einen klangvollen Firmennamen wie Orion Services zu haben, doch der Name allein verrät erst mal nichts über das Unternehmen. Sind Sie eine wissenschaftliche Agentur, die mit der Vermessung der Sterne zu tun hat, eine Reparaturfirma für Waschmaschinen oder gar eine Unternehmensberatung? Wer weiß das schon? Ihr potenzieller Kunde sicherlich nicht, auch wenn er sich noch so anstrengt. Ihr Domainname sollte also etwas mit Ihrem Produkt zu tun haben oder es idealerweise bereits im Namen enthalten. Ich habe beispielsweise Holzspielzeug online verkauft – mein Firmenname war Toytopia, insofern ein guter Name, weil er zumindest das definierende Keyword »Toy« enthält. Wenn Sie beispielsweise Managementseminare anbieten, ist es keine schlaue Idee, sich »Atlantis AG« zu nennen. Ein konkreter Name wie »Managementtraining Frankfurt« ist viel besser geeignet. Nach derartigen Formulierungen sucht der normale Anwender – das sollten Sie zu Ihrem eigenen Vorteil nutzen.

Das sollten Sie ausprobieren:

Starten Sie Ihren Webbrowser, rufen Sie Ihre Webseite auf und schauen Sie sich im Quelltext Ihre Meta-Keywords an. Verwenden Sie dieselbe Technik, um auch die Webseiten Ihrer Mitbewerber unter die Lupe zu nehmen, und auch alle Webauftritte von Firmen, die Sie für besonders erfolgreich halten. Die Chance ist groß, dass Sie recht bald erkennen, was funktioniert und was nicht. Sie sehen auf diese Weise auch, welche Techniken Ihre Mitbewerber verwenden und welche Ideen Sie für Ihre eigene Webseite übernehmen können – und das alles, ohne dafür einen Cent zu bezahlen.

11

Wer sind Sie?

Der Teufel steckt im Detail – also prüfen Sie sorgfältig alle Fakten

Entspricht das, was Sie auf Ihrer Internetpräsenz über sich und Ihre Firma behaupten, wirklich der Wahrheit? Sind alle Fakten noch aktuell? Ihre Besucher und natürlich auch Google können das überprüfen, also überlegen Sie sich gut, was die Whois-Daten über Sie aussagen.

Vermeidbare Missverständnisse

Oftmals wird eine Webseite, ausgehend von einer ersten Idee, aufgesetzt, bevor die Firma überhaupt handelsrechtlich gegründet ist. Dies ist in vielen Fällen normal und bringt keine Probleme mit sich. Kaufen Sie einen Domainnamen oder beauftragen andere in Ihrem Namen damit, geben Sie Ihre Privatadresse an und registrieren sich somit als nichtkommerziell, weil zum Zeitpunkt der Registrierung Ihr Unternehmen noch nicht existiert.

Wenn Ihr Business aber im Laufe der Zeit Fahrt aufgenommen hat und Ihr Whois-Eintrag immer noch den Anschein erweckt, Sie seien ein Einmannbetrieb, ist das für den Anwender irreführend. Viele Internetuser werden es zwar gar nicht bemerken, aber speziell die Kunden, die mit Ihnen ins Geschäft kommen oder kooperieren möchten, werden möglicherweise darauf aufmerksam und wundern sich. Und, noch wichtiger, auch Google kann den Whois-Eintrag sehen. Wenn Sie eine .com-Domain besitzen, wird nachgeprüft, wo diese beheimatet ist, und auch Ihre postalische und Ihre digitale Kontaktadresse werden gecheckt.

Achten Sie hierbei auf eine lokale Begrenzung des Marktes, in dem Sie Ihre Produkte verkaufen wollen. Unter *www.allwhois.com* können .com und .ch-Adressen abgefragt werden. Für .de-Domains ist *www.denic.de* die erste Adresse. Da hier jedoch keine automatische Abfrage mehr möglich ist, hat Google hier keinen Zugriff. Es könnte aber sein, dass Google direkt die Registrardaten einsehen kann. Interessant ist, dass Google auch selbst Domainregistrar ist.

Sie können einen Whois-Report von verschiedenen Webseiten aus pflegen. Zunächst sollten Sie die Seite *www.whois.com* besuchen und nachprüfen, ob dort alle Angaben aktuell und korrekt sind. Hat Ihr Webseitenprogrammierer aus Versehen seine eigene Adresse eingetragen, lassen Sie die Angaben ändern. Für eine deutsche Adresse kontaktieren Sie *www.denic.de*, für die Schweiz *www.switch.ch*.

Kontrolle behalten

Obwohl Ihr Serviceprovider Sie vermutlich bereits mehrere Monate im Voraus darüber informieren wird, dass Ihr Domainname abläuft, sollten Sie sich immer bewusst sein, was geschieht, wenn Sie die Verlängerung einmal vergessen. Oder wenn der Serviceprovider vom Markt verschwindet. Oder, was noch viel schlimmer wäre, wenn Ihr Provider Ihnen nichts sagt, weil er vielleicht einen anderen Kunden hat, der ihm für diese Domain viel Geld angeboten hat. Es ist Ihre Verantwortlichkeit, Ihren Domainnamen zu registrieren. Verwenden Sie Whois, um festzustellen, wann Ihre Domain ausläuft, und lassen Sie sich mit Hilfe eines digitalen oder schriftlich in Ihrem Kalender notierten Reminders rechtzeitig an diesen Termin erinnern. Es gibt nichts Mühsameres, als eine ausgelaufene Domain zurückzuholen. In der Regel ist es einfacher, eine neue zu kaufen.

Das sollten Sie ausprobieren:

Stellen Sie sicher, dass Ihr Whois-Eintrag Sie und Ihre Firma im bestmöglichen Licht erscheinen lässt. Es ist nichts Falsches daran, von zu Hause aus zu arbeiten, aber Sie sollten darauf achten, dass in der ersten Zeile ein Firmenname auftaucht, zum Beispiel:»Owner: Hans Meier, Company: H. M., Meierallee 14, xxxxx Frankfurt«. Das mag Ihnen vielleicht überflüssig oder lächerlich erscheinen, doch es funktioniert. Wenn ich mit Ihnen auf einer geschäftlichen Ebene in Kontakt treten möchte, macht ein Firmenname normalerweise einen besseren Eindruck auf mich als der Name einer Einzelperson, von der ich nicht weiß, ob sie ein Büro hat oder vom Küchentisch aus operiert. Zusätzlich sieht für Google eine deutsche Adresse, die zu einer deutschen URL gehört, immer seriöser aus als ein (möglicherweise ausländisches) Postfach.

12

Machen Sie Witze

Relevanz und Bekanntheit von Schlüsselwörtern

Obwohl Google eine wissenschaftlich und mathematisch orientierte Firma ist, mag die Suchmaschine knappe, knackige Webseitenbeschreibungen. Sparen Sie sich idealistische Pamphlete und portionieren Sie das Wesentliche mundgerecht.

Weniger ist mehr

Obwohl hier einige komplizierte Algorithmen am Werk sind, die zudem ständig geändert werden, ist es gar nicht so schwierig zu verstehen, was für Google eine »gute Seite« ausmacht. Sie muss einfach gestaltet sein und einige Prämissen erfüllen. Bei der Gestaltung sind das erste und das letzte Seitenviertel am wichtigsten. Das bedeutet zwar nicht, dass Sie den Mittelteil ignorieren können, aber was Google schnell erkennen will, ist die Relevanz der Schlüsselwörter und Formulierungen. Starten Sie also nicht mit einer langatmigen Einführung, sondern steigen Sie direkt mit den wesentlichen Fakten ein und achten Sie auf Prominenz und Relevanz der zitierten Schlüsselwörter. Wenn Sie zum Beispiel T-Shirts verkaufen, sollten Sie gleich zu Beginn alle Marken aufführen, die Sie im Angebot haben. Auf die Wichtigkeit von T-Shirts oder die historische Bedeutung dieses Kleidungsstücks können Sie an anderer Stelle hinweisen. Fallen Sie mit der Tür ins Haus und verkaufen Sie Ihr Produkt, und zwar dem Anwender und Google. Lassen Sie alle wissen, dass Sie ein Geschäft machen wollen.

Ebenso wichtig ist das Ende einer Seite. Läuft Ihr Text mit ein paar standardisierten Datenschutzrichtlinien und einem juristisch formulierten Copyrightvermerk aus? Oder findet der Anwender an dieser Stelle nützliche Hinweise zu den Navigationsmöglichkeiten innerhalb der Seite, die es zudem Google erlauben, Verweise auf bestimmte Arten von

T-Shirts zu erkennen und mit der Erhöhung der Relevanz auch gleichermaßen Ihr Ranking zu verbessern?

Header-Tags

Ich bin überzeugt davon, dass es sinnvoll ist, mit Header-Tags (H-Tags) zu arbeiten – natürlich nur, wenn Sie es nicht übertreiben. Das funktioniert so, dass Sie jedes Subject mit einer Header-Markierung versehen. Damit teilen Sie der Suchmaschine mit, dass es sich um einen Header handelt, also ein Thema, das Beachtung verdient. Sie können sich das so vorstellen, als würden Sie in einem Text in Word einen Satz fett auszeichnen, damit er vom Leser besonders beachtet wird. Wenn Sie allerdings auf Ihrer Webseite einen Satz optisch abändern, also zum Beispiel eine fette, kursive oder größere Schrift wählen, nimmt Google das lediglich als optische, aber nicht als inhaltliche Hervorhebung wahr. Google sucht nach H-Tags – deshalb ist es Ihr Job, diese in der Rangfolge der Wichtigkeit aufzuführen.

Wenn es beispielsweise vier Themenschwerpunkte auf Ihrer Webseite gibt, macht es Sinn, jeden einzelnen mit einem H-Tag zu markieren, idealerweise in der Rangfolge der Wichtigkeit: H1, H2, H3, H4. Wenn Sie jedes Thema mit H1 (also höchster Wichtigkeit) auszeichnen, fällt Google das unangenehm auf. Geht es auf Ihrer Seite um lediglich ein großes Hauptthema, setzen Sie hierfür einen H1-Tag und lassen Sie sich nicht dazu verleiten, auf Teufel komm raus unwichtige Elemente mit Tags zu versehen.

Das sollten Sie ausprobieren:

Um künftig mit H-Tags zu arbeiten, sollten Sie Ihre Webseite detailliert durchgehen und sich genau überlegen, an welchen relevanten Stellen Sie H-Tags platzieren wollen. Wenn Sie bereits damit arbeiten, überprüfen Sie, ob alle H-Tags korrekt eingesetzt werden. Sind sie wirklich relevant? Verleihen sie der Seite einen Mehrwert? Sind sie einem besseren Ranking eher förderlich oder abträglich? Sind mehr als sechs H-Tags auf einer Seite gesetzt, ist das zu viel des Guten. In diesem Fall sollten Sie aufräumen.

13
Entspannte Surfer

Die Google-Suche

Google hat uns alle ziemlich bequem gemacht: Sucht jemand eine bestimmte Webseite, ruft er Googles Startseite auf. Wiederum möchten wir als Internetuser auch auf jeder spezifischen Webseite gezielt etwas finden können. Enthält Ihre Webseite eigentlich eine Suchfunktion?

Wer suchet, der findet

Wenn ein Internetanwender eine Webseite besucht, hat er zunächst einmal keine Ahnung, ob sie aus zehn oder zehntausend Unterseiten besteht. In unserer merkwürdigen Zeit, in der wir zwar relativ reich an Geld, aber stets sehr arm an Zeit sind, verweilen wir meistens nicht einmal ein paar Sekunden, um das herauszufinden. Vielleicht haben Sie sich – sogar mit Erfolg – beim Aufbau Ihrer Webseite Stunden und Tage den Kopf darüber zerbrochen, wie eine intelligente Navigation aussehen könnte und in welche Kategorien Sie Ihr Produktangebot am besten unterteilen. Heutzutage gibt es jedoch einerseits die geübten »Navigatoren« und andererseits die eher zufällig Suchenden, und so wie es aussieht, entsprechen Letztere eher dem Bild eines durchschnittlichen Internetusers. Gehen Sie also davon aus, dass zumindest die Besucher, die über Google auf Ihrer Seite gelandet sind, das Gesuchte unmittelbar auf dem Silbertablett serviert bekommen möchten.

Können Sie diesen Leuten sofort bieten, was sie wollen? Es ist schon mal gut, wenn Sie als Webseitenbetreiber wissen, dass ein Besucher mit wenigen Mausklicks die ganze Tiefe und Breite Ihres Webauftritts erfassen kann, aber dazu braucht er in der Regel mehr als zehn Sekunden Zeit und ein wenig Konzentration. Das ist vielen Internetanwendern aber heutzutage schon zu viel. Ein Suchwerkzeug sollte deshalb zu den wesentlichen Elementen Ihrer Webseite gehören.

Auf Tuchfühlung mit Google

Falls Sie keine individuelle Suchfunktion in Ihre Seite integrieren möchten, weil Ihnen das möglicherweise zu aufwendig ist, bietet Google Ihnen eine praktische Alternative an: ein Google-Suchfeld für Ihre Seite. Ganz nach dem Motto »Eine Hand wäscht die andere« bauen Sie Googles HTML-Code einfach in Ihre Webseite ein und ermöglichen es Ihren Besuchern somit, Ihre Seite komfortabel zu durchsuchen oder mit einem Klick zu Google zu gelangen. Für bis zu 1.000 Webseiten und bei jährlich maximal 250.000 Suchanfragen kostet Sie dieser Service 100 Dollar im Jahr. Hier können Sie Googles Suchwerkzeug herunterladen: *www.google.com/enterprise/search/index.html*.

Das sollten Sie ausprobieren:

Besuchen Sie die Webseiten Ihrer Mitbewerber und achten Sie dabei speziell auf die Suchwerkzeuge. Schreiben Sie auf, ob Ihre Konkurrenten derartige Tools verwenden oder nicht. Was fällt Ihnen am Einsatz der Suchwerkzeuge positiv auf, was finden Sie weniger toll? Suchen sie sowohl nach spezifischen Begriffen als auch nach weniger Naheliegendem. Was kommt zurück? Hilfreiche, relevante Resultate? Nichts? Unbrauchbare Antworten? Oder, noch schlimmer, falsche Ergebnisse? Im Wissen darum, was bei Ihren Mitbewerbern funktioniert und was nicht, können Sie jetzt etwas Zeit in die Entwicklung einer eigenen Suchfunktion investieren oder sich entscheiden, das Suchwerkzeug von Google auf Ihrer Webseite einzubauen. Trotz einiger Mängel wird es sich als sehr nützlich erweisen und stellt einen hilfreichen Service für Ihre Kunden dar, während Sie an einem individuelleren Suchtool für Ihre Seite feilen.

14

Ausverkauf

Akzeptieren Sie Google-Werbung

Es mag sein, dass über 90 Prozent Ihrer Webseitenbesucher nichts bei Ihnen bestellen und auch keinen Kontakt zu Ihnen aufnehmen. Das ist zwar schade und vielleicht sogar ärgerlich, aber Sie sollten trotzdem versuchen, etwas Geld mit diesen Besuchern zu verdienen.

Kunden verlieren

Der Preis, den Sie für jede Form von Werbung auf Ihrer Seite bezahlen, besteht darin, dass Sie einige Kunden auch wieder von Ihrer Seite weg leiten. Aber zumindest werden Sie dafür bezahlt. Wenn es sich bei Ihrer Seite um ein Portal oder eine reine Informationswebseite handelt, dann ist diese Art von Werbung einer ihrer maßgeblichen Erwerbsströme.

Google versus spezifische Werbeanbieter

Das Problem bei den meisten kleineren und allen neuen Webseiten besteht darin, dass sie (noch) keinen großen Traffic, also wenig bis gar keine Kundenfrequenz aufweisen können. Etablierte Werbekunden werden also so lange nicht mit solchen Webseiten zusammenarbeiten wollen, bis sie werberelevante Besucherzahlen aufweisen können. Google hingegen ist da nicht so empfindlich, diese Firma arbeitet mit jedem. Wenn Sie also anfangen wollen, mit Ihrer Webseite ein wenig zusätzliches Geld zu verdienen, sollten Sie Google AdSense nutzen. Es gibt zwar keinen Beweis, dass dies Ihr Google-Ranking positiv beeinflusst, doch ich bin der festen Überzeugung, dass ein paar Brocken Google-Code auf Ihren Seiten den Googlebot öfters vorbeischauen lassen, sodass Sie tendenziell mehr Besuche und höhere Listungen erwarten können.

Verdienen Sie mehr Geld mit Ihrer Webseite

Es gibt Leute, die um zwei Uhr morgens dringend irgendetwas kaufen möchten. Dieses Irgendetwas mag vielleicht ein Produkt sein, das auf Ihrer Webseite mit einem Affiliatelink (Partnerlink) beworben wird. Es könnte zum Beispiel ein Buch sein, das für 14,99 Euro verkauft wird und Ihnen eine Provision von zehn Prozent beschert. Ich verstehe Ihren möglichen Einwand, dass sich für 1,50 Euro ein Inserat ja kaum lohnt – für eine Einzeltransaktion ist das in der Tat wenig. Doch was ist, wenn Sie eine ganz spezielle Zielgruppe haben, die Ihre Webseite immer wieder besucht und kontinuierlich Produkte Ihrer Affiliatepartner kauft? Dann wird diese Provision von beispielsweise 1,50 Euro immer wieder ausbezahlt, was sich im Laufe der Zeit als sehr rentabel erweisen kann. Hier erfahren Sie mehr über AdSense: *www.google.com/adsense/?hl=de.*

Ich würde ihnen allerdings AdSense nur dann empfehlen, wenn Sie wirklich signifikanten Traffic, also eine sehr große Kundenfrequenz haben. Der finanzielle Ertrag muss so groß sein, dass er die Verwässerung Ihrer eigenen Marke beziehungsweise Webseite wettmacht und Sie für die Tatsache entschädigt, dass Sie potenzielle Kunden weiterleiten.

Das sollten Sie ausprobieren:

Nehmen Sie am AdSense-Programm teil, richten Sie Ihren Account ein und setzen Sie irgendwo auf Ihrer Webseite einen Link. Das muss nicht unbedingt auf der Startseite sein, sondern schlauerweise eher auf einer Seite, die nicht Ihr Hauptgeschäft betrifft, von dem Sie ungern etwas an die Konkurrenz abtreten möchten. Probieren Sie es also mit einer Seite, auf der Sie selbst eher wenig zu bieten haben, Ihren Besuchern aber gerade deshalb gern zusätzliche Produkte vorschlagen möchten. Prüfen Sie in regelmäßigen Abständen, ob AdSense für Sie funktioniert. Klicken die Besucher wirklich auf die entsprechenden Links? Sind die dadurch erzielten Einnahmen befriedigend? Würden sie ansteigen, wenn Sie AdSense auf allen Seiten Ihrer Webseite platzierten? Testen Sie es in kleinem Rahmen, überprüfen Sie die Resultate und gehen Sie erst dann Schritt für Schritt weiter.

15

Man kann es nicht oft genug sagen

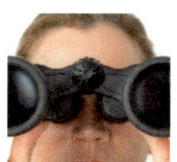

Über die Dichte von Schlüsselwörtern

Ein guter Webseitentext hat nichts mit blumiger Prosa und Poesie zu tun. Es geht einzig und allein darum, Ihr Angebot möglichst klar und deutlich darzustellen. Posaunen Sie es in die Welt hinaus!

Der Internetuser und auch Google müssen Ihre Seite finden und die grundlegende Frage beantworten können: Verkauft mir diese Seite das Produkt oder die Dienstleistung, nach der ich gesucht habe? Können Sie diese Frage direkt im ersten Absatz beantworten, sind Sie auf dem besten Weg zu einer erfolgreichen Webseite.

Schreiben wie ein Profi

Es ehrt Sie, wenn Sie weltbewegende Fragen auf Ihrer Webseite thematisieren, aber ist das der richtige Platz dafür? Internetseiten können sehr lang sein – manchmal ist das gut, manchmal schlecht –, aber Sie sollten sich gar nicht so sehr um die Länge des Textes kümmern. Denken Sie lieber darüber nach, wo Ihre Keywords und Formulierungen stehen sollen, die Sie dank Ihrer kontinuierlichen Beobachtung des Marktes ermittelt haben, und achten Sie darauf, wie Sie diese Begriffe möglichst effektiv einsetzen können.

Wie schon erwähnt, bevorzugt Google Keywords und Formulierungen, die gleich am Beginn der Seite erscheinen. Hier liegt auch das Geheimnis guter Texte. Wir haben es nämlich nicht mit einem Roman oder einem Theaterstück zu tun, wir brauchen keinen erzählerischen Einstieg, sondern können direkt zur Sache kommen. Der Anwender muss sofort erfahren, was ihn erwartet. Der Einstiegstext sollte reich an Keywords und aussagefähigen Formulierungen sein: direkt, klar und mit konkreten Handlungsaufforderungen. Verwenden Sie den Rest des Textes, um Ihre Argumente zu präzisieren und zu belegen. Beginnen Sie mit dem Endresultat und fangen Sie erst dann an, es näher zu erklären.

Gutes »Spinnenfutter«

Obwohl es natürlich letztlich der Anwender ist, dem die Seite gefallen muss, sollten Sie immer auch den Googlebot und andere Suchmaschinen im Hinterkopf behalten, wenn Sie Text für Ihre Webseite erstellen. Im Idealfall ist das Resultat für alle Seiten interessant und erfreulich. Dazu müssen Sie die Schlüsselwortdichte (Keyword Density) beachten. Wenn Sie Ihren Text mit zu vielen Keywords überfluten, sind Sie zwar (vermeintlich) Google-freundlich, verlieren aber den Leser. Aber auch zu viele Keywords mag Google nicht, da alles, was allzu unnatürlich wirkt, als verdächtig eingestuft wird. Umgekehrt können Sie zwar einen spannenden Text liefern, mit dem aber Google nichts anzufangen weiß, weil es ihn nirgends einordnen kann. Deshalb sollten Sie eine ideale Schlüsselwortdichte von etwa vier Prozent anstreben, was bedeutet, dass Sie in einem Textblock mit 100 Wörtern den relevanten Schlüsselbegriff viermal unterbringen sollten. Halten Sie sich daran, und Sie werden sehen, dass Suchspider, Bots, Crawler und nicht zuletzt der Leser Ihren Content leicht finden werden.

Das sollten Sie ausprobieren:

Picken Sie sich eine Produktseite oder eine Seite, die eine Ihrer Dienstleistungen beschreibt, heraus und prüfen Sie den Text eingehend. Haben Sie alles erwähnt, mindestens einmal, worauf in den Metadaten hingewiesen wurde? Haben Sie die wichtigsten Keywords und Formulierungen (inklusive Markennennungen) innerhalb des ersten und zweiten Absatzes untergebracht? Kann der Anwender oder Google auf eines oder mehrere dieser Keywords klicken und mehr dazu erfahren? Falls nicht, sollten Sie den Text so überarbeiten, dass er sowohl dem Leser als auch dem Googlebot gefällt. Vermutlich müssen Sie Kompromisse eingehen, aber denken Sie immer daran: Es handelt sich um einen geschäftlichen Anlass, nicht um einen Kurs für kreatives Schreiben.

16

Ein bisschen Fachjargon

Hits, Visitors, Pageviews und Uniques ...

Wie alle Branchen ist auch die Welt der Webseiten voll von Ausdrücken, die nur Insider verstehen. Lernen Sie die wichtigsten Begriffe kennen, sodass Ihnen niemand ein X für ein U vormacht.

Hits

»Hits« ist das Wort, das wohl am häufigsten falsch eingesetzt wird. Es bezieht sich auf die Webaktivität. Sicher haben auch Sie schon jemanden erzählen gehört, er habe 100.000 Hits im Monat. Das sagt an und für sich gar nichts aus. Ein Hit ist nämlich bloß ein File, das vom Server zu einem Webbrowser geschickt wird. Wenn Sie also eine Seite mit sieben Bildern haben, ist die Chance groß, dass diese Bilder sowie das dazugehörige HTML-File bereits als acht Hits gezählt werden. Sie sehen also, dass die Anzahl der Hits nichts Relevantes über Ihre Besucherzahlen aussagt.

Pageviews

Einen genaueren Anhaltspunkt liefert der Pageview – hier geht es nicht darum, wie viele Hits oder Teildokumente die Webseite liefert. Der Pageview-Wert zählt, wie oft eine Webseite aufgerufen wurde. Das Problem besteht darin, dass der Pageview nicht verrät, ob es sich zum Beispiel beim Wert 20 um einen einzelnen User handelt, der 20 Seiten Ihres Webauftritts betrachtet hat, oder um 20 verschiedene User, die Ihre Seite aufgerufen haben.

Visitors (Uniques)

Bei den Visitors handelt es sich um den Wert, dem Sie am meisten Beachtung schenken sollten, da er am besten angibt, wie beliebt Ihre Seite ist. Im Gegensatz zu den Hits oder den Pageviews zeigt diese Zahl an, wie viele Leute tatsächlich zu Ihrer Seite gekommen sind.

PPC

PPC steht für »Price per Click« und und bezeichnet die Klickvergütung, also die Belohnung, die Ihnen jemand für das Anklicken einer Anzeige auf Ihrer Seite zahlt. Kunden fragen mich oft, was ein guter PPC-Wert ist – die Antwort lautet wie so oft: Es kommt drauf an. Auch ein PPC-Wert ist immer nur so viel wert, wie jemand bereit ist, dafür zu bezahlen.

TKP

Die Angabe TKP (Tausend-Kontakt-Preis) ist heute immer weniger gebräuchlich, doch vor allem Werbeagenturen, die sich nicht mit den Kosten für jeden einzelnen Click Through beschäftigen möchten, verwenden den in der Print-Mediaplanung üblichen Tausend-Kontakt-Preis. Im Webbereich ist der synonyme Begriff CPM (»Cost per Mille«) gebräuchlicher.

Das sollten Sie ausprobieren:

Ich nehme an, dass Sie sich mittlerweile bei Google Analytics angemeldet haben und die Informationen zu Ihrer Webseite nur so fließen. Aber verlassen Sie sich nicht nur auf diese Statistiken, sondern holen Sie sich eine zweite Meinung. Vielleicht hat Ihr Webentwickler inzwischen Statistikfunktionen auf Ihrer Seite platziert. Falls nicht, sollten Sie sich zum Beispiel folgende Seite anschauen: **www.opentracker.net/de**. Hierbei handelt es sich um ein sehr nützliches Tool, das jegliche Aktivität misst. Wenn Sie sich mit dem Gedanken tragen, Ihre Webseite auch mit anderen Suchmaschinen als Google zu vermarkten, ist dieses Werkzeug unverzichtbar. Ein Opentracker-Account beinhaltet passwortgeschütztes Websitetracking, Site-Statistiken sowie eine Live-Besucherverfolgung. Alle diese Funktionen sind über eine webbasierte Echtzeitschnittstelle zugänglich (Kosten: 195 Euro/Jahr).

17

Hier, schauen Sie mal da!

So tragen Sie sich bei Suchmaschinen ein

Google und all die anderen Suchmaschinen sind gut, aber keineswegs all-wissend. Lassen Sie sie deshalb wissen, dass Sie mit Ihrer Webseite neu auf dem Markt sind. Seien Sie selbstbewusst, damit Sie bemerkt und vor allem gelistet werden.

Verirrt im Internetdschungel

Es gibt täglich unzählige neue Webseiten. Google ist zwar sehr leistungsfähig und bekommt viele Veränderungen mit, doch auf der sicheren Seite sind Sie, wenn Sie der Suchmaschine größere Neuerungen aktiv mitteilen. Weder Kunden noch Suchmaschinen finden Ihr neues Webprojekt von selbst. Sie sollten also ein paar Wegweiser anbringen oder, noch besser, gleich mit Pauken und Trompeten Ihre Ankunft kundtun. Das ist schnell gemacht und Sie setzen damit einiges in Bewegung.

Google

www.google.com/addurl
Wenn Sie eher von der bequemen Sorte sind, tippen sie bei Google einfach »Add URL« ein und Sie sehen den Link, den Sie brauchen. Google bietet Ihnen bei der Gelegenheit auch gleich eine ganze Menge Webmaster-Tools, die Sie sich einmal anschauen sollten. Für den Moment genügt es aber, die leeren Felder auszufüllen und die Angaben abzuschicken. Von nun an können Sie davon ausgehen, dass der Googlebot etwa alle drei Wochen bei Ihnen vorbeischaut.

Yahoo!

http://search.yahoo.com/info/submit.html

Yahoo! hat eine weniger elegante Webadresse als Google. Zudem müssen Sie sich hier registrieren, um den Dienst zu verwenden. Doch das ist es wert, denn der Yahoo!-Service ist rundum empfehlenswert.

AltaVista

http://addurl.altavista.com/addurl/default

Search

Sehr einfach funktioniert der Eintrag bei der Schweizer Suchmaschine Search: *www.search.ch/addurl.html*.

Falls Sie auf die Idee kommen sollten, Ihre neue Webseite bei einer anderen Suchmaschine einzutragen, suchen Sie einfach mal nach »submit URL«. Achten Sie darauf, sich pro Monat nur einmal einzutragen, denn ansonsten wertet die Suchmaschine Ihre wiederholten Listungsanfragen als Spam. Am besten ist es, wenn jemand aus Ihrem Team hierfür die Verantwortung übernimmt und den Überblick behält.

Hilfe von außen

Machen Sie einen großen Bogen um die Hunderte von Anbietern, die Ihnen ein kleines Vermögen dafür abnehmen, dass sie Ihre Webseite bei allen Suchmaschinen anmelden. Diese Firmen verlangen von Ihnen eine Menge Geld für eine Leistung, die Sie ebenso gut selbst übernehmen können. Abgesehen davon, dass Sie keine Kontrolle über den tatsächlichen Umfang der Einträge haben, verlangen viele Anmeldeseiten mittlerweile Prüfcodes, die manuell eingegeben werden müssen, um zu verhindern, dass eine Software massenhaft Anmeldungen vornimmt. Eine persönliche Anmeldung wird in jedem Fall besser bewertet als eine automatisierte.

Das sollten Sie ausprobieren:

Wenn Sie Ihre Seite bei allen Suchmaschinen angemeldet haben, sollten Sie sich einen Eintrag in Ihren Terminkalender machen, um die Ergebnisse vierteljährlich zu überprüfen. Für den Fall, dass Sie nicht regelmäßig von Suchmaschinen besucht werden (mindestens einmal im Monat), sollten Sie diese daran erinnern und darauf hinweisen, dass es bei Ihnen Neuigkeiten gibt. Das hat nichts mit Spam zu tun, sondern folgt dem gesunden Menschenverstand. Bei der großen Anzahl von Webseiten, die aufgesetzt werden und nach einigen Wochen wieder verschwinden, ist es nur verständlich, dass die Suchmaschinen effizient arbeiten wollen. Wenn Sie diese »Übung« etwa ein Jahr lang alle drei Monate wiederholen, sollten Sie feststellen, dass die Besuche der Roboter automatisch und kontinuierlich erfolgen.

18

Welcher Code ist wirklich wichtig?

Metaroboter und mehr

Mit Robotern zu sprechen, also Ihren kleinen Freunden im Cyberspace, ist vielleicht gar nicht so verrückt, wie es auf den ersten Blick scheint. Aber seien Sie vorsichtig, denn nicht jeder Roboter da draußen ist Ihr Freund.

Metaroboter

Auch wenn Google relativ wenig Wert auf Ihre Meta-Keywords legt, sollten Sie welche einbauen – und wenn es nur darum geht, den Content Ihrer Webseite zu strukturieren und zu organisieren. Ich habe schon Seiten gesehen, deren ausführlicher Text extra für den Besuch von Suchrobotern geschrieben worden ist. Wenn diese Webseitenbetreiber aber etwas mehr Verständnis für die Funktionsweise von Google hätten, würde ihnen schnell auffallen, dass ein Großteil dieser Kommandozeilen und Instruktionen völlig redundant ist.

Wenn der Googlebot auf einer Seite Ihres Webauftritts landet, möchte er sie indexieren und dann mit Hilfe Ihrer Links sehen, wie es weitergeht. Wenn sich also der Befehl »robots, follow« in Ihrem Code befindet, sollten Sie ihn schleunigst entfernen, denn er verlangsamt nur den Googlebot und verwässert Ihre Botschaft. Der Googlebot folgt Ihnen nämlich auch so, ohne dass Sie ihn extra dazu auffordern müssen.

No index, no follow

Gibt es einen Grund dafür, dass Sie nicht wollen, dass Google sich auf eine bestimmte Seite Ihrer Internetpräsenz konzentriert? Gibt es inhaltliche Diskrepanzen innerhalb Ihres Webauftritts? Wenn dies der Fall ist, kann es Sinn machen, den Begriff »noindex« oder »nofollow« anzubringen und dem Googlebot auf diese Weise mitzuteilen, welche Seiten wichtiger sind als andere.

Die Meta-Angabe »revisit-after«

Verzichten Sie auf »revisit-after«. Der Googlebot wird Sie dann besuchen, wenn er Zeit hat, und nicht an einem bestimmten, von Ihnen festgelegten Termin. Achten Sie aber darauf, dass Sie immer wieder etwas Neues zu bieten haben, auch wenn es nur ein paar zusätzliche Bilder, Textergänzungen oder News sind.

Vorsicht!

Manche Roboter haben nicht die Aufgabe, Ihre Seite zu scannen oder zu indexieren, sondern sind nur dafür da, für Ärger und Verwirrung zu sorgen. Diese lästigen Roboter verstopfen den Server, rufen innerhalb kürzester Zeit viel zu viele Seiten ab oder bringen Dokumente durcheinander. Dies ist zwar nicht die Regel, kann aber auch Ihrer Seite passieren. Dennoch sollten Sie Ihre Webseite nicht generell für Roboter sperren. Die Vorteile, die Sie daraus ziehen, Ihre Seite für den Googlebot und andere Suchmaschinen zu öffnen, überwiegen ganz klar die Gefahren einer möglichen Attacke durch bösartige Bots.

Das sollten Sie ausprobieren:

Schauen Sie sich einmal Ihre Logfiles an und finden Sie heraus, ob sich Ro-
boternamen darin erkennen lassen. Suchen Sie zum Beispiel nach bekann-
ten Robots wie dem Googlebot oder dem WebCrawler und prüfen Sie, was
in Ihrem Logbuch eingetragen wurde, als diese Roboter da waren. Welche
Seiten wurden angesteuert? Wie lange blieb der Roboter? Und noch viel
wichtiger: Welche Seiten hat er ignoriert? Diese Eintragungen im Logbuch
können Ihnen wertvolle Informationen über Löcher in Ihrer Navigation und
Ihrer Sitemap geben und letztlich dafür sorgen, Ihre Webseite Schritt für
Schritt sowohl anwender- als auch suchmaschinenfreundlicher zu gestalten.
Allerdings verschleiern Robots dummerweise nicht selten ihre Identität.

19

Ich in Frankreich, Nr. 113

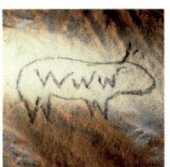

Fotos korrekt benennen

Ganz egal, wie schön ein Foto ist, Google kann es nicht sehen. Was Google erkennt, ist lediglich der Bildname, und wenn der »logo. jpg« heißt, wird er der Suchmaschine nicht helfen.

Fallstudie Toytopia

Wenn Sie einen Onlineshop haben, müssen Sie der Benennung von Bildern erheblich mehr Aufmerksamkeit widmen. Vergewissern Sie sich zunächst, dass jedes Bild so benannt ist, dass Google den Namen der Seite sowie das Produkt erkennt. Eine zufällige Text-Nummern-Kombination ist ungeeignet. Wie bereits erwähnt, hatten wir bei der Firma Toytopia sehr viel Erfolg mit den »Wheeliebugs«. Von diesem Produkt gab es fünf verschiedene Typen, die in jeweils zwei Größen erhältlich waren – also insgesamt zehn Produkte, die bebildert werden mussten. Anstatt diesen die Namen »wheelie1.jpg« bis »wheelie10.jpg« zu geben, haben wir die Bezeichnung konkretisiert, zum Beispiel in Form von »wheeliebug-spielzeugmaus-gross.jpg«. Dies war nicht bloß Google-freundlich, sondern ermöglichte mir auch ein einfacheres Auffinden der Bilderordner. Wenn Sie Hunderte, wenn nicht sogar Tausende Produkte verwalten müssen, sind Sie froh, wenn Sie sich die Zeit genommen haben, Ihre Bilder sinnvoll zu benennen. Denken Sie immer daran, dass der Text, den Sie wählen, auch zu den Keywords gezählt wird, die der Googlebot auf der Seite findet. Sie haben ja den Produktnamen bereits mehrfach im Haupttext erwähnt, es gibt einen Navigationslink, und durch die Verwendung des gleichen Namens für das Bild erkennt Google einen Zusammenhang. Dies wiederum beeinflusst auch das Ranking auf positive Weise. Wie das Beispiel zeigt, ist der Bildname »logo.jpg« also für Google ungeeignet. Verstärken sie deshalb Ihre Marke, Ihre Produkte und Ihre Verkaufsabsicht, indem Sie Ihre Bilder geschickt benennen. Das könnte dann zum Beispiel so aussehen: »Toytopia_online_Holzspielzeuge_logo.jpg«.

Achten Sie auf Ihre Linie

Wenn Sie in Ihrer Firma für den Bildupload zuständig sind, sollten Sie Ihr Augenmerk auf die Auflösung richten. Wenn Sie ein digitales Bild drucken wollen, ist natürlich eine High-Resolution-Auflösung mit 300 dpi vonnöten, doch für das Web reichen 72 dpi aus. Was darüber liegt, ist überflüssige Information, die dem Anwender gar nicht angezeigt werden kann und das Tempo Ihrer Webseite verlangsamt, was wiederum den User verärgert. Moderne Bildbearbeitungssoftware wie Photoshop bietet in der Regel einfache Werkzeuge, um die Bildauflösung zu verändern. Halten Sie Ihre Webseite auf diese Weise schlank.

Das sollten Sie ausprobieren:

Wenn verschiedene Mitglieder Ihres Teams Content auf Ihre Webseite stellen, sollten Sie einige Regeln oder gar einen schriftlichen Workflow dafür definieren. Doch auch wenn Sie allein dafür zuständig sind, macht es Sinn, sich Gedanken zur optimalen Bildbenennung zu machen. Dabei prüfen Sie den vorhandenen Content und verifizieren, ob er für Google optimiert ist. Auf diese Weise stellen Sie sicher, dass beispielsweise einzelne Textabsätze jeweils mit dem korrekten Paragrafenzeichen (<p>) voneinander getrennt werden, statt mit einem einfachen Break (<br />). In einer detaillierten Checkliste legen Sie fest, wie Bilder benannt werden, wie H-Tags eingesetzt werden und welche weiteren Maßnahmen für die Erreichung einer hohen Schlüsselwortdichte getroffen werden sollten – und zwar vorwiegend am Anfang und weniger am Ende eines Textes.

20

Kommen Sie zur Sache

Stehen Sie zu Ihren Absichten

Es spielt keine Rolle, wie viel Schminke und Lippenstift Sie auftragen, denn Googles Suchmaschine gibt wenig auf die Optik und ignoriert jegliche Kostümierung. Es ist daher besser, wenn Sie sich Mühe geben, auch hüllenlos eine gute Figur zu machen.

Es wäre nicht das erste Mal ...

Google verhält sich manchmal wie der alte Geschichtslehrer, den auch Sie vielleicht auf der weiterführenden Schule hatten. Er ist auf den ersten Blick locker und freundlich, aber wehe, wenn Sie einmal seine Grenzen überschreiten. Dann wirft er Ihnen gleich den Radiergummi an den Kopf. Wenn Sie also glauben, dass sich Google austricksen lässt, sollten Sie lieber aufpassen, dass Sie sich nicht die Finger verbrennen. Es haben nämlich schon viele versucht, und Google hat jeden einzelnen Schlaumeier abgestraft. Googles Firmenmotto »Do no evil« mag ja belächelt werden, doch als Firma hasst Google nichts mehr als Leute, die ihr Herzstück, nämlich die Suchmaschine, austricksen wollen.

Google meint es ernst

Der bisher bekannteste Fall einer Firma, die Google austricksen wollte, ereignete sich 2006. BMW Deutschland hatte damals – wohlgemerkt aus Unwissenheit, nicht absichtlich – eine große Menge sehr keywordlastiger Doorwaypages ins Netz gestellt, also Zwischenseiten, die nur für den Googlebot sichtbar waren. Normale Internetanwender wurden jeweils

auf eine andere Seite umgeleitet. Dies verstößt klar gegen eine der Haupt-
regeln von Google: »Wenn Suchmaschinenoptimierung dazu verwendet
wird, einen bewusst irreführenden oder gar täuschenden Inhalt zu ver-
mitteln, so zum Beispiel mit Doorwaypages oder Throw-away-Domains,
behält sich Google vor, diese Webseite komplett vom Index zu entfernen.«

Was war also Googles Reaktion? Die Webseite *www.bmw.de* wurde
vom Index gestrichen, sodass BMW bei Suchanfragen nicht mehr gefunden wurde. BMW erhielt von Google einen PageRank von 0, und selbst
im Cache wurden keine Seiten mehr gespeichert. In Googles Welt kam
BMW schlicht und einfach nicht mehr vor – eine Katastrophe für das
Unternehmen.

Wer sich für die Details des BMW-Falls interessiert, findet hier noch
einen interessanten Artikel: *http://blog.netprofit.de/bmw-suchmaschinen-
problem.html.*

Versteckter Content

Es mag triftige Gründe geben, weshalb Sie Content auf Ihrer Seite verste-
cken, doch wenn es sich vermeiden lässt, sollten Sie es lassen. Der Googlebot ist ohnehin schon ziemlich beschäftigt: Denken Sie an die Milliarden
von Webseiten, die er konstant in möglichst kurzer Zeit indizieren muss.
Google hat nicht die Zeit, Sie nach Ihren Argumenten zu fragen. Er bewertet das, was er sieht, und in der Regel beurteilt er verborgene Inhalte negativ. Bestenfalls wirkt sich das in Form einiger Negativpunkte auf Ihr Ranking aus, und im schlimmsten Fall wird Ihre Seite negativ bewertet.

Das sollten Sie ausprobieren:

Ganz egal, ob Sie Ihre Webseite selber aufgebaut oder einen Programmierer damit beauftragt haben – Sie sollten sich die Zeit nehmen, einmal einen genaueren Blick in den Code zu werfen. Achten Sie dabei speziell auf alle Farbdefinitionen, die sich auf den Text beziehen. Ihr Programmierer hat vermutlich gedacht, er erweist Ihnen einen Gefallen, indem er am Fuß einer Seite – ganz unauffällig – möglichst viele Keywords in Hintergrundfarbe einfügt. Aber weit gefehlt: Der Googlebot wartet nur darauf, solche Maßnahmen abzuwatschen. Und: Was der Googleboot nicht erkennt, verpetzt die Konkurrenz. Trotzdem kann eine Webseite in der Regel noch lange mit verstecktem Code online stehen, da Google das Problem mit Programmen zu lösen versucht, nicht manuell.

21

Auf den Inhalt kommt es an

Content is King – so bauen Sie Seiten richtig auf

Gute Texte fürs Web zu schreiben ist nicht einfach. Je mehr Zeit Sie allerdings in einen ausgefeilten Text investieren, desto erfolgreicher kann Ihre Webseite sein.

Einige Orientierungspunkte

Natürlich gibt es Ausnahmen, doch die Faustregel lautet, pro Seite etwa 250 bis 300 Worte zugrunde zu legen. Alles, was darunter liegt, wird Ihnen hinsichtlich der Schlüsselwortdichte Mühe bereiten. Zudem riskieren Sie, die Seite zu überfrachten und den Leser zu überfordern, wenn Sie zu viele Keywords in einen kurzen Text einbauen.

Unterstützen Sie Texte durch Bilder. Dadurch bieten Sie dem Leser einerseits eine optische Gliederung der Seite und können andererseits wiederum ein Keyword bei der Benennung des jeweiligen Bildes einbauen. Clever, oder? Updaten Sie Seiten regelmäßig, fügen sie immer wieder neuen Content hinzu. Dabei kann es sich zum einen um Ergänzungen oder Änderungen bestehender Texte handeln, zum anderen können Sie auch herunterladbare Dokumente anbieten, also beispielsweise PDF- oder Word-Dateien. Denken Sie aber daran, dass Google den Text innerhalb dieser angehängten Dokumente nicht indexieren wird.

Sorgen Sie möglichst auch dafür, dass Anwender Ihren Inhalt ergänzen und somit aufwerten können. Ermöglichen Sie Interaktion, etwa in Form von kommentierbaren Beiträgen. Wenn der Googlebot jedes Mal etwas Neues entdeckt, wenn er bei Ihnen vorbeikommt, belohnt er Sie mit einem höheren Ranking.

Ein Satz pro Seite

Nach Möglichkeit sollten Sie für jedes Keyword, das Ihnen besonders wichtig ist, eine separate Seite einrichten. Wenn Sie also 15 Formulierungen haben, die Ihnen wichtig sind, dann sollte Ihr Webauftritt aus mindestens 15 Seiten bestehen, und jede dieser Seiten sollte auf diesen Suchbegriff beziehungsweise diese Formulierung hin optimiert sein. Dadurch liegt die Dichte bei etwa vier Prozent – das heißt: Bei vier von 100 Wörtern handelt es sich um Keywords. Indem Sie jede Seite für ein Keyword oder eine Formulierung optimieren, geben Sie Google einen klaren Hinweis darauf, dass jede dieser Seiten eine klare, spezifische Botschaft enthält. Dies führt dazu, dass einzelne Seiten Ihres Webauftritts auch einzeln im Suchergebnis von Google aufgelistet werden.

Das sollten Sie ausprobieren:

Fangen Sie langsam an und lassen Sie sich nicht entmutigen. Sie müssen nicht gleich Ihre ganze Webseite umschreiben, um den Google-Anforderungen optimal gerecht zu werden. Gehen Sie schrittweise vor, damit sich der Aufwand in Grenzen hält. Wählen Sie Ihren Bestseller aus, beginnen Sie dort, wo es am meisten bringt. Denken Sie dabei immer an die Schlüsselwortdichte, an den inhaltlichen Bezug und natürlich auch an die symbiotische Beziehung zwischen Metadaten und Body-Text. Optimieren Sie einen Seitentext nach diesen Kriterien und gehen Sie erst dann zum nächsten über.

22

Wessen Seite?
Meine natürlich?

Schnappen Sie sich die Seite eins

Es ist toll, wenn Sie bei Google an erster Stelle stehen. Noch besser ist es allerdings, wenn Sie zum Beispiel die Plätze eins bis fünf in Beschlag nehmen. Im Folgenden erfahren Sie, wie das geht.

Mischen Sie die Karten zu Ihrem Vorteil

Sie sollten eine oder mehrere Satellitenseiten kaufen oder selbst ins Leben rufen, um aus Ihrem Wissen um die bei Google am häufigsten gesuchten Wörter und Formulierungen Kapital schlagen zu können. Nehmen wir einmal an, Sie haben sieben verschiedene Webseiten gekauft oder vielleicht sogar selber eingerichtet und jeweils für bestimmte Schlüsselwörter optimiert. Nun wollen Sie einige zusätzliche Ideen zu Ihrer Hauptwebpräsenz sowie drei individuelle Seiten hinzufügen, um ganz gezielt auf ein Keyword hinzuweisen, von dem Sie wissen, dass es bei Google einen hohen Stellenwert hat. Großartig! Aber wie gehen Sie nun vor?

Sie haben mittlerweile erkannt, dass Ihre eigentliche Homepage nicht zwingend die relevanteste Seite für jeden Besucher ist. Wenn Sie die Seite entsprechend optimiert haben, gibt es spezifische Einzelseiten, die von Google separat gelistet werden. Das ist ein wichtiger erster Schritt! Wir möchten nicht bloß bei Google auf Platz eins landen, sondern gleich die ganze erste Seite belegen: jede Referenz, alle zehn organischen Plätze und als Sahnehäubchen auch noch die Sponsored Links.

Zwischen den sieben Satellitenseiten, die Sie unterhalten, und den drei Webseiten, die angesteuert werden, sobald jemand den entsprechenden Suchbegriff eingibt, besteht eine Beziehung. Für den Internetuser sieht es so aus, als erhielte er eine große Auswahl von zehn verschiedenen, voneinander unabhängigen Webseiten. In Wahrheit stecken aber Sie allein hinter allen zehn Listungen. Es spielt also keine Rolle, was der User anklickt – er kommt stets zu Ihnen. Und Ihre Mitbewerber? Na ja, das haben Sie ja bereits gelernt: Wer nicht auf der ersten Seite steht, ist quasi inexistent.

Ruhen Sie sich nicht auf den Lorbeeren aus

Es ist nicht einfach, sieben oder acht Listungen auf Googles Seite eins zu erreichen, denn je mehr Konkurrenz in Ihrer Branche herrscht, desto härter ist der Kampf um eine gute Platzierung. Die Optimierung von Webseiten wird deshalb immer mehr zu einem Machtkampf zwischen wenigen großen Webseitenbetreibern. Sie werden feststellen, dass sich Ihr Ranking bei Google fortwährend verändert, und zwar nicht nur zum Positiven, denn auch Ihre Mitbewerber arbeiten konstant an der Verbesserung ihrer Platzierung. Aus diesem Grund wäre es fatal, sich auf den Lorbeeren auszuruhen. Suchmaschinenoptimierung kann süchtig machen. Sie müssen immer am Ball bleiben, um nicht von der Konkurrenz überholt zu werden. Ein Dienstleister, der Ihnen verspricht, Sie mit einem einmaligen Honorar rasch an die Spitze des Google-Rankings zu bringen, ist unseriös. Wenn Sie eine größere Anzahl von Webseiten betreiben, nimmt natürlich auch der Arbeitsaufwand zu, doch Sie haben durch die mehrfache Platzierung einen klaren Vorteil gegenüber Ihren Mitbewerbern.

Das sollten Sie ausprobieren:

Wenn Sie einen Onlineshop betreiben, sollten Sie darüber nachdenken, eine ganz neue Webseite einzurichten, die identische Produkte anbietet – allerdings unter Verwendung eines anderen, keywordreichen Domainnamens. Beachten Sie aber, dass derselbe Inhalt von Google als Duplicate Content betrachtet wird und somit nur einmal gerankt wird. Sie könnten hier zum Beispiel auch die Preise 10 bis 20 Prozent höher ansetzen als auf der Hauptseite. Vielleicht werden Sie erstaunt sein, wie Sie durch die geschickte Verwendung eines passenden Suchbegriffs mit dieser Methode Ihre Einnahmen steigern können, und dies mit minimalem Einsatz. Zudem belegen Sie durch diese Maßnahme auch gleich zwei Plätze im Google-Ranking.

23

Erfinden Sie sich neu

Wechseln Sie Ihre Identität

Ein Alter Ego zu haben, so heißt es, ist ein erstes Anzeichen von Wahnsinn. Aber in der ohnehin leicht schizophrenen E-Commerce-Welt ist es vielleicht ebenso verrückt, darauf zu verzichten.

Öffnen Sie sich

Einer der einflussreichsten Menschen, die ich während meiner doch schon recht langen Internetkarriere getroffen habe, war ein völlig unauffälliger Mann, der mich nach einer Rede bei einem Internetkongress sprechen wollte. Zu diesem Zeitpunkt lief mein Business bereits fast von alleine. Ich erzählte ihm von meinem Modell, meinen Erfolgen, meinen Problemen und überhaupt von allem, was sich gerade so abspielte. Eigentlich erwartete ich von ihm uneingeschränkte Bewunderung oder zumindest einen Satz des Lobes. Stattdessen sagte er nur ganz trocken: »Nun, wenn alles so gut läuft, wie Sie sagen, wieso starten Sie dann nicht dasselbe Geschäft noch einmal unter anderem Namen? Und dann gleich noch mal und noch mal …« Ich muss zugeben, dass ich im ersten Moment ziemlich irritiert war. Ich bat ihn, mir seine Idee etwas genauer zu erklären. Und das tat der kluge Mann:

Dr. Jekyll und Mr. Hyde

Wenn Sie über ein erprobtes und erfolgreiches Businessmodell verfügen, Ihre Webseite funktioniert und Sie auf einen treuen Kundenstamm blicken, weshalb sollten Sie sich dann auf eine einzige Webseite beschränken? Natürlich bedeutet Expansion einigen Mehraufwand: Sie müssen neue Seiten anmelden und aufsetzen, einen Provider mit dem Hosting beauftragen, eventuell sogar eine neue Firma gründen usw. Wenn Sie das aber einmal im großen Zusammenhang sehen, erkennen Sie bald, dass Sie im Grunde schon so viel Know-how bezüglich Inhalt, Kunden, Produkten und Marketing gesammelt oder gar dokumentiert haben, dass es für Sie ein Leichtes wäre, sich als Ihr eigener Konkurrent neu zu erfinden. Das mag auf den ersten Blick etwas gewagt klingen, aber denken Sie mal einen Moment darüber nach. Fakt ist doch: Egal, wie gut Sie Ihre Suchmaschinenoptimierung im Griff haben, Sie werden sich die erste Seite bei Google immer mit anderen teilen müssen. Wäre es da nicht clever, selbst die Position der anderen einzunehmen?

Bin ich heute Patrick oder Patrizia?

Hier ist der Vorschlag: Ihre Ausgangsbasis sind eine funktionierende Webseite und ein Produkt, das bei den Leuten ankommt. Lancieren Sie das Ganze nochmals, ändern Sie dabei aber die Preisstruktur – wobei Sie sowohl höher als auch tiefer gehen können (ich persönlich würde immer mit einer Steigerung beginnen). Eine neue Marke, eine Webseite in einem komplett neuen Design und mit komplett neuen Inhalten, eine neue Suchmaschinenkampagne und vielleicht dazu noch eine neue Ad-Words-Kampagne? Effektiv haben Sie dann zwei komplett unterschiedliche Webseiten, die aber dieselben oder ähnliche Produkte verkaufen.

Unterm Strich kämpfen also beide Seiten um eine möglichst gute Platzierung bei Google, was aber kein Problem ist, solange Sie Ihre echten Mitbewerber dadurch auf die hinteren Ränge verweisen können. Es spielt dann für Sie keine Rolle mehr, ob ein von Google weitergeleiteter Interessent auf der Webseite Nummer eins oder auf der Seite Nummer zwei einkauft, denn in beiden Fällen wandert das Geld in Ihre Tasche. Im World Wide Web ist es nun mal wesentlich einfacher und günstiger, zwei Firmen zu unterhalten, als in der nichtvirtuellen Welt.

Angesichts der guten Tipps, die mir der Mann kostenlos gab, richtete ich sofort eine neue Webseite ein, auf der die exakt gleichen Spielsachen verkauft wurden, allerdings zu einem um rund zehn Prozent höheren Preis. Es funktionierte tatsächlich und ich schrieb dem Mann eine nette E-Mail, um mich bei ihm zu bedanken. Er antwortete mir:»Keine Ursache, es ist ja bloß eine einzige zusätzliche Seite. Wie wär's denn mit 200, die alle dasselbe Produkt anbieten? Denken Sie immer daran: Sie müssen das Produkt fest im Griff haben und nicht bloß verkaufen ...«

Das sollten Sie ausprobieren:

Holen Sie den Taschenrechner raus. Rechnen Sie aus, was es kosten würde, Ihre Seite nochmals unter einem anderen Namen oder in Form einer anderen Marke ins Netz zu stellen. Rechnen Sie aus, wo es sich lohnen könnte, Ihre Preisstruktur nach oben oder unten anzupassen, und was diesbezüglich Umsatz bringen könnte. Und, wenn Ihr Budget das erlaubt, probieren Sie es aus. Wenn eine Seite funktioniert, setzen Sie weitere auf ...

24

Wie geht es Ihnen?

So bewerten Sie Ihre SEO-Perfomance

So, nun glauben Sie wohl, dass Ihre Webseite bei den Suchmaschinen schon viel besser dasteht als zuvor? Dann schauen wir uns das doch einmal etwas genauer an.

www.marketleap.com

Marketleap bietet Ihnen jede Menge guter Tipps und Ratschläge hinsichtlich Suchmaschinenoptimierung und -marketing. Auf dieser Seite finden Sie auch drei wertvolle Werkzeuge, die Sie ausprobieren sollten. Nehmen wir also einmal die Werkzeuge zur Linkpopularität und zur Schlüsselwortverifizierung unter die Lupe.

Link Popularity

Sie haben bereits Webseiten angeschrieben und einen eingehenden oder ausgehenden Link beantragt. Vielleicht haben Sie auch schon erfreuliche Rückmeldungen bekommen. Gehen Sie dem nach. Klicken Sie auf der Marktleap-Seite auf das Tool »Link Popularity«, geben Sie dann Ihre URL ein, und Sie werden sofort sehen, wie viele Webseiten einen Link zu Ihnen gesetzt haben. Und noch viel besser: Sie sehen auch, welche das genau sind.

Wiederholen Sie diesen Vorgang, geben Sie aber diesmal nicht Ihre eigene URL, sondern die eines Konkurrenten ein. Wer hat Links zu Ihren Mitbewerbern gesetzt? Sind das vielleicht Webseiten, die Sie selbst bisher übersehen haben? Könnten diese Links auch für Sie wertvoll und relevant sein? Im Normalfall ja, zumindest für Ihre Branche, Ihr Produkt oder Ihre Dienstleistung. Danken Sie Ihren Konkurrenten für diese tolle Vorarbeit und nutzen Sie diese Information für sich! Einen ähnlichen Service finden Sie auch auf der Seite *www.linkpopularity.com*. Auch mit einer Firefox-Erweiterung ist eine Überprüfung der Linkpopularität möglich, ebenso wie mit dem Tool auf der Seite *www.internetbaron.de/backlink-checker-link-check.html*. Einen kostenpflichtigen Service (100 Euro/Monat) finden Sie auf *https://tools.sistrix.de*. Beachten Sie: Das einfache Ranking ist aus Marketingsicht uninteressant. Wichtig ist das Ranking im Verhältnis zum Interesse am jeweiligen Keyword.

Keyword Verification

Auch hier müssen Sie nur Ihre URL eingeben, den Rest übernimmt Marketleap. Das Werkzeug »Keyword Verification« zeigt Ihnen relativ rasch, wie gut Ihre Seite bei den großen Suchmaschinen gefunden werden kann, und zwar in Bezug auf einen bestimmtes Keyword oder eine Formulierung, die Sie selber eingeben können. Wenn Sie nicht auf einer der ersten drei Seiten auftauchen, wertet Marketleap dies als nicht gelistet. Suchen Sie nach einer Reihe von Zahlen, die Ihnen anzeigt, ob einzelne Seiten aus Ihrer gesamten Webpräsenz hohe Rankings bei den Suchmaschinen erzielen. Dies wird vermutlich je nach Suchmaschine unterschiedlich aussehen, doch gibt Ihnen das die Möglichkeit, sofort zu reagieren. Beantworten Sie die aufkommenden Fragen: Wieso bin ich bei Lycos gelistet, aber bei Microsofts Bing nicht? Habe ich eventuell vergessen, die Webseite dort anzumelden? Welche Verbesserungen muss ich vornehmen, um sicherzustellen, dass ich möglichst bei allen Suchmaschinen in die vorderen Ränge komme?

Wiederholen Sie diesen Test für jedes Wort und jede Formulierung, die für Ihre Webseite wichtig ist, und sammeln Sie diese Daten in einer Tabelle oder einer kleinen Datenbank. Führen Sie den Test mindestens einmal im Monat durch. Wenn Sie Fortschritte in Sachen Suchmaschinenoptimierung machen, so werden Sie hier kontinuierliche Verbesserungen feststellen.

Das sollten Sie ausprobieren:

Begehen Sie nicht den Fehler, nur auf Ihre Linkpopularität zu starren und unbedingt möglichst schnell 100 Links bekommen zu wollen, die auf Ihre Seite zeigen. Seien Sie realistisch. Versuchen Sie, maximal ein bis zwei eingehende Links pro Woche zu gewinnen, diesen Weg aber kontinuierlich weiterzuverfolgen. Das ist viel einfacher und beugt depressiven Verstimmungen vor.

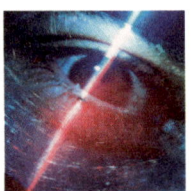  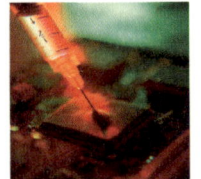

25

Nicht alle Links sind gleich

PageRank, Relevanz und Glaubwürdigkeit

Machen Sie einen großen Bogen um Webseiten, die sich Ihnen als Vermittler von Links anbiedern. Da ist meistens etwas faul. Suchen Sie stattdessen nach potenziellen Partnern, die zu Ihnen passen. Gehen Sie gezielt auf sie zu, umwerben Sie sie, und nutzen Sie dann Ihre Chance.

Darwin und die natürliche Selektion

Der PageRank ist ein wichtiger Aspekt von Googles Ranking-Algorithmus, zu Googles Anfangszeiten war es sogar der wichtigste überhaupt. Je höher Ihr PageRank war, desto höher wurde Ihre Webseite gelistet, was heute nicht mehr zwingend ist. Der PageRank Ihrer Gesamtseite erhöht sich dadurch, dass einzelne Seiten von außen angesteuert werden, also andere Webseiten Links zu Ihnen gesetzt haben. Je höher der PageRank dieser externen Seiten ist, desto höher ist auch die Wertigkeit für Ihre Seite. Wenn Sie also auf der Suche nach guten Linkseiten sind, reicht Ihnen eine Handvoll wertvoller Verlinkungen von Webseiten, die ein PageRanking von mindestens fünf haben. Dies ist von größerer Bedeutung als Hunderte von Webseiten mit niedrigem PageRank. Seien Sie also wählerisch bei der Auswahl Ihrer Linkpartner – zehn gute sind besser als Dutzende wertlose.

Gut, aber was ist die Verbindung?

Bei eingehenden Links ist offensichtlich ein hoher PageRank wichtig, aber das ist nicht der einzige Faktor. Es sollte zudem eine angemessene inhaltliche Nähe zwischen dem Inhalt der verlinkenden Seite und Ihrem

Internetangebot geben. Wenn Sie beispielsweise einen Onlineshop für T-Shirts haben, bringt es Ihnen für Ihren eigenen PageRank wenig, einen Link von einer Webseite zu erhalten, die zwar ein PageRanking von sieben aufweist, aber Skifahren als Hauptthema behandelt. Gibt es keine inhaltliche Verbindung, macht ein Link im Hinblick auf einen guten PageRank wenig Sinn. Geht es Ihnen hingegen vorwiegend um Traffic, sind auch solche Links interessant.

Nehmen Sie sich ein wenig Zeit. Einige Webseiten möchten von Ihnen sogenannte reziproke Links, also solche, die von Ihrer Webseite auf ihre zurückverweisen. Einige möchten Geld, andere wiederum sind gar nicht erreichbar. Ignorieren Sie all das und konzentrieren Sie sich auf die Webseiten, die Ihnen die Aufnahme Ihrer URL bedingungslos anbieten. Ihre Hartnäckigkeit wird belohnt. Innerhalb weniger Tage wird die Anzahl eingehender Links steigen, und wenn es sich dabei um Webseiten mit hohem PageRank handelt, können Sie unter Umständen schon bald ein Anwachsen Ihres eigenen PageRanks beobachten. Wiederholen Sie diese Übung mehrfach, indem Sie immer wieder die Keywords »add URL« und »guestbook« eingeben. So können Sie systematisch alle Webseiten abklappern, die Ihnen eine Möglichkeit zur Bewerbung der eigenen Seite anbieten. Achten Sie dabei auf »nofollow«-Links, da diese keine Linkkraft vererben.

Das sollten Sie ausprobieren:

Ob Sie's glauben oder nicht, es gibt Webseiten, die sehr interessiert daran sind, einen Link zu Ihnen zu setzen. Geben Sie bei Google eines Ihrer Keywords oder eine Formulierung ein und tippen Sie dann: »add URL«. Auf diese Art und Weise habe ich sehr viele nützliche Webseiten gefunden, als ich vor vielen Jahren ein Buch bewerben wollte, das den Titel »Schwangerschaft für Männer« trug. Ich tippte einfach ein: »Schwangerschaft add URL«. Und schon wurden mir zahlreiche Webseiten aufgelistet, die irgendetwas mit Schwangerschaft zu tun hatten und die Aufnahme fremder URLs akzeptierten. Sehr simpel und trotzdem unbezahlbar.

26

Kein DMOZ, kein Champagner

Die Bedeutung des Open Directory Projects

Melden Sie sich bei jedem Verzeichnis, jedem Verein, jeder Suchmaschine, jeder Referenzseite und jedem Informationsportal an, das für Sie hilfreich ist. Solange Sie ein Service nichts kostet, kann er nur nützlich für Sie sein. Der wichtigste aller dieser Eintragungsorte – gewissermaßen der ungekrönte König der Directories – ist DMOZ.

www.dmoz.de

Das Open Directory Project ist ein unauffälliger und bescheidener Ort im Cyberspace, der aber ein enorm hohes Gewicht hat. Der USP dieser Seite besteht ironischerweise – gerade im Zeitalter der vollständigen Automatisierung und Digitalisierung – darin, dass hier Menschen statt Maschinen am Werk sind. DMOZ verwendet keine Bots und Spider, um das Web zu scannen, sondern wartet darauf, dass Sie Ihre URL anmelden. Erst dann wird ein Editor, also ein Redakteur, Ihre Webseite persönlich anschauen und, falls Sie Ihre Anmeldung korrekt ausgefüllt haben, dem Listing des Open Directory Projects hinzufügen.

Was bringt das?

Nur wenige Leute benutzen dieses Verzeichnis, um dort selbst Abfragen zu starten – weshalb sollten sie auch, wenn Google das viel schneller und besser hinbekommt? Den Traffic wird eine Listung im DMOZ also nicht signifikant erhöhen. Wozu also das Ganze? Man muss wissen, dass die DMOZ-Daten kostenlos heruntergeladen werden können. Und genau davon machen Webseiten jeder Größenordnung Gebrauch, um ihre Qualität zu erhöhen. Das macht auch Google: Tatsächlich ist Googles eigenes Directory nichts anderes als die Abbildung der DMOZ-Daten.

Eine Listung im DMOZ verschafft Ihnen also gleich zwei überaus wichtige Links auf Ihre Webseite: einen von DMOZ und einen direkt von Googles Directory – besser geht es kaum. Sowohl DMOZ als auch Google haben einen sehr hohen PageRank. Wenn Sie zudem die Tatsache berücksichtigen, dass automatisch gleich Tausende von Links von all den Seiten ausgehen, die das DMOZ Directory verwenden, wird Ihnen vermutlich klar, weshalb eine DMOZ-Listung so wichtig ist. Sehr oft erhöht alleine eine DMOZ-Listung ihr PageRanking um ein bis zwei Punkte.

Immer mit der Ruhe

Die Stärke des DMOZ ist auch gleichzeitig seine Schwäche. Da es ähnlich wie zum Beispiel Wikipedia von ehrenamtlichen Helfern betrieben wird, gibt es natürlich eine riesige Menge von Webseiten, die Schlange stehen, um dort gelistet zu werden. So kann es durchaus vier bis acht Wochen dauern, bis Ihre URL-Anmeldung bearbeitet wird und in eine Listung mündet. Senden Sie aber keinesfalls nervige E-Mails, um die Sache beschleunigen zu wollen oder sich über die langsame Bearbeitung zu beschweren. Seien Sie geduldig. Haben Sie alle Instruktionen korrekt befolgt, wird schon alles gutgehen.

Das sollten Sie ausprobieren:

Sie ahnen sicher schon, wie Ihr Job für heute lautet: Setzen Sie sich an Ihren Computer, rufen Sie die DMOZ-Webseite **(www.dmoz.de)** auf und melden Sie dort Ihre URL an. Lesen Sie die Richtlinien für die Anmeldung gründlich durch, damit Sie sich in der richtigen Kategorie eintragen und unnötige Verzögerungen vermeiden.

27

Googles Herausforderer

Der Kampf um die Thronfolge

Es gibt Leute, die Google lieben, und es gibt welche, die Google am liebsten gleich heiraten würden. Ich für meinen Teil schätze Google für den konkreten und unmittelbaren Nutzen, den es mir gibt, würde aber keinesfalls bis ans Lebensende mit der Suchmaschine verbandelt sein wollen.

www.searchenginewatch.com

Das große Problem der Suchmaschinenoptimierung im Allgemeinen und von Google im Besonderen besteht darin, dass sich ständig alles ändert. Sobald viele Leute von einem bestimmten nutzbringenden Aspekt erfahren – zum Beispiel von der Wichtigkeit einer DMOZ-Listung –, ändert Google die Spielregeln und passt seinen komplizierten Algorithmus an. Für den Betreiber einer Webseite ist es also ein ständiges Katz-und-Maus-Spiel, da er konstant nach den neuesten Tricks und Techniken Ausschau halten muss, um das System optimal zu nutzen.

Das Schöne an Webseiten wie searchenginewatch.com ist, dass Sie dort die Wahrheit darüber erfahren, was in der Welt des Suchmaschinenmarketings so abgeht. Sie finden also nicht bloß Inhalte, die von Google stammen, sondern auch die neuesten Untersuchungen und Berichte aller größeren Suchmaschinen sowie Informationen über deren Einfluss auf Ihre Webseite. Diese Community hat, zumindest vor Redaktionsschluss dieses Buches, keinerlei Verbindung zu einem Hersteller und gilt somit als neutral und objektiv. Es handelt sich um einen Ort, an dem Webmaster und Webseitenbetreiber ihre Erfahrungen, aber auch ihren Ärger zum

Thema Suchmaschinenmarketing teilen können. Wenn Sie tiefer in die Thematik einsteigen möchten, sollten Sie gelegentlich ein paar Stunden oder Tage im umfangreichen Archiv der Webseite verbringen.

Bing

Microsoft bereitet mir zwar regelmäßig Bauchschmerzen, doch das hält mich nicht davon ab, hin und wieder nachzuschauen, was der Software-gigant so treibt. Halten Sie sich stets mehrere Optionen offen. Bing ist Microsofts Suchprogramm, das schon verschiedene Facelifts gesehen hat. Bis Juni 2009 hieß Bing noch Live Search – dieser Suchservice ist wieder-um aus den verschiedenen Versionen von MSN hervorgegangen. Die Bing-Suche ist erstaunlich schnell, effizient und – zumindest was meine Suchen anbelangt – sehr präzise. Natürlich behauptet Microsoft, dass die eingesetzte Technologie einzigartig und zukunftsweisend sei, und dies-mal glaube ich das sogar. Dennoch habe ich nur selten gesehen, dass eine Seite im Bing-Ranking weit oben angesiedelt war, ohne dass sie auch bei Google einen guten PageRank hätte – was letztlich darauf hinweist, dass die Algorithmen der beiden Suchmaschinen ähnlich arbeiten.

Zusätzliche Attraktivität gewinnt Microsofts Bing durch die Ankündi-gung von Steve Jobs, wonach Apple künftig lieber mit Bing statt mit Google arbeiten möchte, was als Reaktion auf Googles Eintritt in den iPhone-Markt gedeutet werden kann.

Das sollten Sie ausprobieren:

Es sieht ganz so aus, dass Seiten, die bei Google ein hohes Ranking haben, auch bei anderen Suchmaschinen gut gelistet sind. Testen Sie es mal aus! Wie unterscheidet sich Ihr Google-Ranking von den anderen Suchmaschinen? Auch wenn Google natürlich in diesem Buch Ihre Orientierungsmarke ist, sollten Sie keinesfalls die anderen Suchmaschinen aus den Augen verlieren.

28

Ihre Webseite unterm Messer

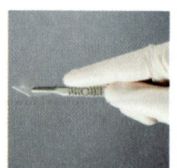

... und Sie gleich dazu

Kritik ist in der Regel unangenehm. Besonders, wenn Sie jemandem viel Geld für eine bestimmte Leistung bezahlt haben und dann trotzdem kleinere oder größere Fehler auf der Webseite finden.

Spiel auf Zeit

HTML und Webdesign sind ein organischer Prozess: Neue Techniken entwickeln sich weiter und werden mit der Zeit zur Norm. Auch Webbrowser verändern sich stetig, im Bemühen darum, den Code korrekt anzuzeigen. Umgekehrt kommen natürlich alte Techniken immer mehr aus der Mode – das heißt, sie werden kaum noch verwendet und die neuen Browser unterstützen sie nicht mehr. Wenn solche veralteten Techniken auf Ihrer Webseite zum Einsatz kamen, leidet die Benutzerfreundlichkeit. Was können Sie also tun, um immer auf der Höhe der Zeit zu bleiben?

Validieren Sie Ihren HTML-Code. Sie wollen ja gewährleisten, dass Ihre Webseite für die größtmögliche Anzahl von Internetanwendern zugänglich ist. Das bedeutet, dass Sie auf verschiedene Geschmäcker und Überzeugungen eingehen müssen. Beliebte Browser sind neben dem Internet Explorer auch der Firefox und – vor allem bei den Mac-Anwendern – Safari. Sie alle sollen Ihre Webseite korrekt anzeigen. Nehmen Sie also Rücksicht – je nach Zielgruppe bedeutet das leider, dass Sie sich nach dem kleinsten gemeinsamen Nenner all Ihrer Internetanwender richten müssen. Das heißt auch, den Anwendern Zugang zu gewähren, die bereits seit Jahren ihren Browser nicht mehr aktualisiert haben. Da aber auch diese Anwender gute Kunden von Ihnen sein könnten, wollen Sie ihnen sicher nicht die Ladentüre vor der Nase zuschlagen, indem Sie ihnen Ihr Webangebot nicht zugänglich machen.

Hilfreich ist der IE-Tester zum Überprüfen verschiedener Versionen des Internet Explorers: *www.my-debugbar.com/wiki/IETester/HomePage.*

W3C.org

Bei dem Gremium W3C handelt es sich um die selbst ernannten Wächter des HTML. Das W3C-Konsortium ist eine sehr einflussreiche Organisation und ein guter Freund von Google. Ich kann es gar nicht oft genug betonen: Die Akkreditierung und Anerkennung durch Dritte ist für Google ein sehr wichtiger Faktor, da diese externe Prüfung der Suchmaschine die Arbeit erleichtert. Wenn Sie den Validierungsempfehlungen des W3C-Konsortiums folgen und Ihre Webseite diese »Prüfung« besteht, können Sie das Validierungslogo auf Ihrer Seite platzieren. Für den Googlebot ist dieses Logo so etwas wie eine Goldmedaille, die Ihre Webseite massiv aufwertet.

Was man aber beachten sollte, ist die Tatsache, dass fast alle Webseiten »kleine Fehler« aufweisen. Eine vollkommen saubere Webseite ist Google schon wieder suspekt, weil »unnatürlich«.

Die Wächter des W3C haben ein sehr gutes Gedächtnis. Zum Beispiel erhielt ich einmal eine Ermahnung, da meine Webseite nicht mehr mit dem Internet Explorer 4 kompatibel war. (Dies wohlgemerkt zu einem Zeitpunkt, als nicht einmal Microsoft selbst IE 4.X unterstützte.) Nehmen Sie das, was die Leute des W3C-Konsortiums sagen, sehr ernst, aber legen Sie es nicht auf die Goldwaage. Wie bei vielen dieser Institutionen steht hier oft Form vor Funktionalität. Wenn Sie Fehler mit wenig Aufwand beheben können, tun Sie es, um mit W3C einen neuen Freund zu bekommen. Bei vielen Webseiten kann die W3C-Listung den PageRank um einen Punkt erhöhen.

Das sollten Sie ausprobieren:

Starten Sie folgender Webseite einen Besuch ab: **http://validator.w3.org.** Tippen sie die URL Ihrer Internetseite ein und warten Sie auf die Prüfresultate. Wenn Sie den Test bestehen, erhalten Sie einen HTML-Code, mit dem Sie das W3C-Prüflogo auf Ihrer Webseite platzieren können. Für viele Anwender ist das eine Art Webdesign-TÜV – ein Qualitätslabel, über das Sie sich freuen können. Vermutlich werden die meisten Webseiten nicht beim ersten Mal durchkommen, doch für diesen Fall bietet W3C netterweise eine Liste aller festgestellten Fehler an und gibt, was noch viel wertvoller ist, Tipps zur Verbesserung. Prüfen Sie auch die folgenden Validierungstools: **www.htmlvalidator.com** und **http://Watson.Addy.com.**

Ein gutes Validierungstool erhalten Sie mit der Web-Developer-Extension des Firefox-Browsers, die ebenfalls zu **http://validator.w3.org** verlinkt. Hier kann auch eine Validierung von CSS, Links und Feeds vorgenommen werden.

29

Wie geht es weiter?

Google und die Sitemap

Tun Sie alles, um verwirrte Besucher und hilflose Suchmaschinen dabei zu unterstützen, sich auf Ihrer Webseite zurechtzufinden.

Nutzen Sie Ihre Chance

Viele Webmaster argumentieren, dass eine Sitemap auf der Webseite dazu führt, dass die Besucher die hübsch ausgedachte Navigation umgehen und dadurch die volle Schönheit und Funktionalität der Webseite verpassen. Das ist Blödsinn. Wenn ein Besucher nicht in relativ kurzer Zeit in der Lage ist zu finden, was er sucht, wird er die Seite wieder verlassen – und vermutlich nicht mehr zurückkommen. Wenn der Googlebot sich auf Ihrer Webseite nicht zurechtfindet, wird er nicht allzu lange dort herumhängen. Und Google wird auch nicht mit Hinweisen oder Verbesserungsvorschlägen auf Sie zukommen, um Ihre Seite Google-tauglich zu machen.

Wenn Sie aber eine Sitemap anbieten, kann es tatsächlich sein, dass einige Anwender ihre Einstiegsseiten oder Sonderangebote überblättern. Manche Ihrer genialen Texte und atemberaubenden Bilder werden sie somit verpassen, dafür aber rasch dorthin kommen, wohin sie eigentlich wollten. Sie können das durchaus mit der Orientierung in einem Supermarkt vergleichen. Wo kaufen Sie lieber ein? In einem Laden, der Sie labyrinthartig am gesamten Warenangebot entlangschleust, oder in einem Geschäft, in dem Sie zielgenau auf das Regal zusteuern können, das Sie suchen?

Es kann durchaus sein, dass die Besucher Ihrer Webseite zu einem späteren Zeitpunkt auf Ihre Sonderangebote und Aktionen zurückkommen und die große Bandbreite des Angebots nutzen – nur nicht unbedingt beim ersten Besuch. Seien Sie deshalb geduldig. Identisch verhält es sich mit dem Googlebot. Wenn der Ihre gesamte Seite indexieren kann, was ihm dank einer Sitemap viel leichter fällt, werden Sie bei vielen Keyword-Suchanfragen auch im Ranking höher stehen. Und das wollen Sie doch, oder? Google kann Ihrer JavaScript-Navigation nicht folgen. Die Verwendung einer Sitemap sorgt deshalb dafür, dass ein offensichtlicher Link zu jeder Seite besteht. Schon aus Zeitgründen wird der Googlebot nach Möglichkeit den direkten Weg nehmen.

Bieten Sie Orientierung

Sie können auf keiner Webseite zu viele Optimierungen vornehmen. Aus diesem Grund ist es vermutlich eine gute Idee, die Sitemap zusätzlich als Teil Ihrer Hilfeseite anzubieten, selbst wenn sie bereits einen eigenen Link oder Button auf der Startseite hat. Nicht alle Anwender ticken gleich: Einige klicken direkt auf Ihre Sitemap, andere vermuten die Navigation Ihrer Webseite im Hilfebereich. Wichtig ist aber, dass Sie unbedingt einen Link von Ihrer Startseite auf die Sitemap setzen.

Das sollten Sie ausprobieren:

Wenn Sie noch gar keine Sitemap besitzen, sollten Sie dieses Thema angehen – egal wie klein Ihre Webseite ist. Wenn Sie Ihre Seite mit einer WYSI-WYG-Software konstruiert haben (»What you see is what you get«), kann die Sitemap oft bereits automatisch vom Programm generiert und als separate Seite angefügt werden. Haben externe Programmierer Ihre Webseite entwickelt, sollten diese eine Sitemap für Sie erstellen. Die Informationen liegen in der Regel bereits vor, denn mit diesem Bauplan wurde die Seite ja angelegt. Schließlich gibt es auch noch die Möglichkeit, eine kostenlose Sitemap auf **www.xml-sitemaps.com** zu erstellen.

30

Die breite Masse

Wie gut funktionieren Ihre Keywords?

Passen Sie jetzt besonders gut auf! Es ist keine gute Idee, einfach darauf zu hoffen, dass alles in Ordnung ist. Finden Sie heraus, wie gut Sie Google wirklich gefallen.

Ein gutes Stück besser als die Konkurrenz: www.marketleap.com

Marketleap hat sich für Sie vermutlich schon als hilfreich erwiesen, als Sie in einem der vorherigen Kapitel nach geeigneten Schlüsselwörtern und Formulierungen gesucht haben. Das Tool, auf das wir nun unser Augenmerk richten, ist der Keyword Verification Report. Die Vorgehensweise ist einfach: Geben Sie Ihre URL sowie das von Ihnen gewünschte Keyword ein. Schon nach kurzer Zeit erscheint ein Report, der Ihnen anzeigt, ob Ihre Webseite mit Bezug auf dieses Keyword auf den ersten drei Seiten erscheint. Idealerweise möchten Sie natürlich bei allen Suchmaschinen auf Seite eins stehen. Wenn Ihre Webseite erst auf Seite vier oder noch weiter hinten aufgeführt wird, wertet der Report dies als »nicht gelistet«. Das ist zwar nicht ganz korrekt, doch es entspricht insofern der Realität, dass Sie für Ihre potenziellen Kunden praktisch unsichtbar sind. Erfahrungsgemäß ist es selten, dass jemand in der Liste weiter als bis Seite drei blättert. Das ist ziemlich besorgniserregend, finden Sie nicht?

Spielzeug für große Jungs

Marketleap ist ein großartiges Tool – nicht zuletzt, weil es funktioniert und kostenlos ist. Wenn Sie lediglich daran interessiert sind, eine Handvoll für Sie besonders wichtiger Keywords im Auge zu behalten, reicht Ihnen Marketleap aus.

Sehr bekannt, aber kostenpflichtig ist die Sistrix-Toolbox: *https://tools.*
sistrix.de. Gratis gibt es den Free Google Monitor *(www.cleverstat.com/*
de/), verschiedene SEO-Tools zum kostenlosenTesten finden Sie unter
http://de.linkvendor.com.

Da die meisten von uns eine größere Zahl von Keywords und Formulierungen überwachen möchten, wäre es sehr praktisch, wenn uns eine ge-
eignete Technologie diese eher langweilige und mechanische Arbeit abnehmen würde. So etwas gibt es – gehen Sie zu *www.ibusinesspromoter.de*
und schauen Sie sich einmal die kostenlose Testversion des IBP-Tools an.
Sie erhalten auf dieser Webseite auch eine Profiversion des IBP-Tools, das
je nach Ausführung (Standard- oder Profiversion) 250 beziehungsweise
500 Euro kostet). Ich kann dieses Produkt nur loben, denn der IBP hilft
Ihnen bei nahezu allen wichtigen Aspekten der Webseitenpromotion.

Dieses Tool enthält mehr als 15 professionelle Hilfsmittel, darunter
Werkzeuge für die Erstellung von Keywords und für Suchmaschinenoptimierung, Tools für die Anmeldung bei Suchmaschinen und Verzeich-
nissen, ein Checkupprogramm für Rankings und vieles andere mehr. Mit
dem Download profitieren Sie auch von einem kostenlosen und sehr ge-
zielten Traffic auf Ihrer Webseite, neuen Geschäftskontakten, einer höheren Linkpopularität, besseren Rankings bei den Suchmaschinen und
mehr Verkäufen … ja, so gut ist dieses Tool!

Das sollten Sie ausprobieren:

Die gute Nachricht zuerst: Testweise können Sie eine kostenlose, aber limitierte Version des IBP herunterladen. Mit der Demoversion lässt sich die Keyword-Performance sofort testen. Entweder funktioniert Ihre Webseite in Bezug auf die gewünschten Keywords oder nicht. Stehen Sie bei allen großen Suchmaschinen auf Platz eins, können Sie sich auf die Schulter klopfen, doch denken Sie immer daran, dass das Internet ständig in Bewegung ist. Irgendjemand steht irgendwo schon bereit, um Sie vom Platz an der Sonne zu verdrängen.

31
Zahlenakrobatik

Jede Menge Statistik

Zahlenmaterial ist langweilig ... finden Sie nicht? Aber egal, ob Sie es mögen oder nicht – Ihr Wohl und Ihr zukünftiger Erfolg können in der Tat auf einer bescheidenen Tabellenkalkulation beruhen.

Wir sollten uns daran gewöhnen, dass alles im Web gemessen wird. Der Trick ist, diese Informationen gezielt zu nutzen. Ganz anders als in vielen anderen Marktumgebungen ist die Information im Web ein Mitnahmeartikel: Sie erhalten exakte Statistiken zu Ihrer Seite, zum Datenverkehr, den Sie generieren, über die Besucher, die Ihre Webseite besuchen, woher die Besucher kommen, was sie machen und wohin sie anschließend gehen. All das ist direkt verfügbar, wenn Sie danach fragen. Und ich rate Ihnen: Sie sollten sich dafür interessieren.

www.dataplain.com

Google Analytics ist zwar ein hilfreiches Werkzeug, doch ich finde, dass Vielfalt die Würze des Lebens ausmacht. Wir gehen davon aus, dass Google keine bösen Absichten hegt, aber wir dürfen nie vergessen, dass wir uns in einem profithungrigen Business befinden, in dem sich Konkurrenten in der Regel entweder gegenseitig übertrumpfen oder ausstechen wollen. Sie sollten also nie einem Produkt zu 100 Prozent vertrauen. Wenn Sie nicht bereits ein Statistikpaket auf Ihrer Webseite eingebaut haben (zusätzlich zu Google Analytics), rate ich Ihnen, etwas Geld in das Paket eines unabhängigen Drittanbieters zu investieren, der die Daten von Google Analytics parallel auswertet und überprüft. Es gibt unzählige Softwarepakete auf dem Markt und bei einer Suche nach »Webstatistik« werden Ihnen gleich ein paar Tausend Angebote unterbreitet. Dataplain ist beispielsweise ein ganz cleveres Programm und durchaus eine Investition wert. Außerdem sollten Sie sich einmal die folgenden Webseiten ansehen: *http://w3stat.w3statistics.de, www.etracker.com/de, www.opentracker.net, www.webtrekk.de.*

Nicht jeder nutzt Google

Ich bin wahrscheinlich etwas aufmerksamer als die meisten, wenn es darum geht, beim Google-Ranking nach oben zu kommen, und ich verpasse meinen Webseiten ständig Updates, um immer vorne mit dabei zu sein. Obwohl alle meine Internetpräsenzen gut gelistet sind, erhält zum Beispiel meine Seite *www.jonsmith.net* die meisten Besucher via Alta-Vista, während *www.justdads.co.uk* mehr über Bing gefunden wird als über Google.

Diese Information ist sehr viel wert, denn wären diese beiden Webseiten eher kommerzieller als informativer Natur, wüsste ich genau, wohin ich meine werblichen Anstrengungen leiten müsste, um mit bezahlten Google-Anzeigen noch mehr Aufmerksamkeit zu erzielen. Im Gegensatz dazu erhielt zum Beispiel unsere Spielwarenhandlung Toytopia mehr als 90 Prozent des Traffics via Google. Daher konzentrierte sich der Großteil unseres Werbebudgets auf Yahoo! und andere Suchmaschinen. Wir mussten also wenig bis gar kein Geld für Google ausgeben, weil wir dort bereits auf natürliche (organische) Weise sehr gut platziert waren.

Das sollten Sie ausprobieren:

Nehmen wir einmal an, Sie haben den Entschluss gefasst, für drei Euro am Tag bei Google AdWords-Werbung zu kaufen. Das würde, grob geschätzt, ein Marketingbudget von rund 100 Euro im Monat erfordern. Gehen Sie davon aus, dass Google rund 80 Prozent des deutschen Suchmaschinenmarkts abdeckt, und passen Sie Ihr Budget diesem Trend an: Investieren Sie 60 Cent pro Tag in die anderen Suchmaschinen. Ihre Statistikprogramme können Ihnen hier genaue Angaben liefern. Ziehen Sie das vier bis acht Wochen durch und schauen Sie, was es Ihnen bringt. Angesichts des bescheidenen Betrags von rund 20 Euro pro Monat ist es einen Versuch wert, finden Sie nicht?

  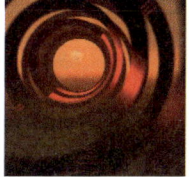

32

Internetprotokolle

Standortverwaltung in der virtuellen Welt

Auch wenn das Internet die ganze Welt erreicht, kann es manchmal besser sein, zu Hause zu bleiben, in Ihrer Heimat.

Bleiben Sie zu Hause

Als eine Firma mit Sitz in Deutschland sind die beiden nützlichsten Domainendungen für Sie ».de« oder ».com«. Falls der gewünschte Name für diese beiden Endungen schon vergeben ist, versuchen Sie es mit ».net«. Ist auch diese Endung weg, sollten Sie sich einen neuen Namen überlegen und hierfür die entsprechenden Domains reservieren. Ich halte es für Geldverschwendung, Endungen wie ».eu«, ».biz« oder ».tv« zu verwenden, denn die wirken klobig und hölzern. Zudem können sich Anwender diese Endungen schlecht merken und es besteht immer der Verdacht, dass es sich lediglich um kurzlebige Webauftritte handelt. Es gibt zwar eine Handvoll Firmen, die mit Änderungen wie ».biz« oder ».tv« Erfolge verbuchen konnten, aber jedem dieser Erfolge stehen mindestens 500 erfolgreiche Webseiten mit den in Deutschland gängigeren Endungen ».de« und ».com« gegenüber.

Wo steht der Server?

Es ist heutzutage einfach, Domainnamen ganz bequem von zu Hause aus zu kaufen. Das funktioniert beinahe auf Knopfdruck. Der schwierige Teil besteht darin, dafür zu sorgen, dass Ihre Webseite auch im entsprechenden Land gehostet und registriert wird. Wenn Ihre Zielgruppe in Deutschland sitzt, sollten Sie sicherstellen, dass die Server Ihres Hostingpartners ebenfalls im Inland stehen und dieser nicht bloß als Wiederverkäufer einer amerikanischen Hostingfirma fungiert. Ebenso macht es Sinn, eine Webseite in der Schweiz zu registrieren, wenn Sie spezifisch Schweizer Kunden ansprechen möchten. Google weiß nämlich, wo die Server stehen, und wird automatisch ihre Webseite in dem Land bevorzugt behandeln, in dem sich auch der dazugehörige Server befindet – ganz unabhängig von Ihrer Zielgruppe.

IP-Adressen

Wenn ein Internetuser Ihre Webseite besucht, wissen Sie nicht gleich, um wen es sich handelt, es sei denn, diese Person kauft etwas, registriert sich bei Ihnen oder stellt eine Anfrage. Das einzige, was ein anonymer Besucher immer hinterlässt, ist seine IP-Adresse. Dabei handelt es sich vereinfacht ausgedrückt um einen Zahlencode: Die IP-Adresse gibt den Server an, der sich mit dem Internet verbindet. Dies sind bei »Normalanwendern« Server von T-Online, Swisscom etc. Die Telekom kann natürlich erkennen, wer eine bestimmte IP genutzt hat, darf diese Information aber nur bei schweren Straftaten weitergeben. Dieser Code sagt Ihnen als Webseitenbetreiber nicht viel, legt aber immerhin den Herkunftsort offen, und das ist entscheidend. Wenn Sie zum Beispiel feststellen, dass ein Großteil Ihrer Besucher aus Österreich stammt, wäre es sinnvoll, eine angepasste Domain für dieses Land einzurichten und dort auf den Server zu stellen. Wenn diese Kunden Sie schon jetzt suchen und finden, werden sie noch viel leichter zu Ihnen finden, sobald Sie eine Webseite anbieten, die für das jeweilige Land optimiert und auch dort registriert ist.

Das sollten Sie ausprobieren:

Arbeiten Sie sich durch die Whois-Details und vergewissern Sie sich, wo Ihre Domainnamen registriert und – noch viel wichtiger – derzeit gehosted sind. Vielleicht haben Sie sich seinerzeit einfach für die günstigste Option entschieden, was aber längerfristig nicht unbedingt die beste Wahl sein muss.

33

Behandeln Sie Anwender anders als Google

Der Fluch der Session-ID

Eine dynamische Webseite ist der schnellste Weg, um Ihren Kunden gute, relevante und spannend aufbereitete Inhalte zu bieten, aber für Google ist eine solche Seite schwer zu indizieren. Was also können Sie tun?

Wer sitzt im Publikum?

Sie sollten Ihre Webseite natürlich zunächst für Ihre Kunden und erst in zweiter Linie für Google einrichten. Manchmal sprechen zwar beide dieselben Dinge an, aber Ihr Fokus sollte beim Anwender liegen und sich darüber hinaus der Google-Freundlichkeit widmen – nicht umgekehrt. Google sorgt im besten Fall für eine gute Sichtbarkeit Ihrer Seite, wird Ihnen jedoch niemals etwas abkaufen. Bleiben Sie also stets in Kontakt zu Ihren potenziellen Kunden, aber halten Sie auch die Suchmaschine bei Laune.

Machen Sie Krach

Das größte Problem, das die meisten E-Commerce-Seiten mit Google haben, besteht in der immensen Menge an Produkten in den Shops. Auch wir hatten diese Schwierigkeit mit unserem Spielwarengeschäft – und das bei relativ überschaubaren 150 Artikeln. Die Datenbank wuchs sehr schnell, als wir zusätzliche Optionen wie unterschiedliche Größen, verschiedene Farben, Personalisierungsmöglichkeiten, Geschenktexte oder Verpackungs- und Versandoptionen ergänzten. Eine ziemlich harte Nuss für Google. Zusätzlich hatten wir natürlich noch den Anspruch, das Verhalten unserer Besucher möglichst genau zu beobachten, damit wir aus diesen Informationen Empfehlungen ableiten konnten. Aus diesem Grund verwendeten wir Session-IDs – genau wie Sie, nehme ich an.

Das Problem ist, das Google Session-IDs nicht mag, da die Suchmaschine eine neue Seite jedes Mal neu indexieren muss, auch wenn sie sie früher schon einmal besucht hat. Die Session-ID ist eine Sitzungsnummer, die zum Beispiel dafür sorgt, dass ein Kunde, der ein Produkt in den Warenkorb gelegt hat, zu einem späteren Zeitpunkt seines Einkaufs vom Server wiedererkannt wird. Ein Produkt oder eine Seite, die Google besucht hat, kann eine unendliche Anzahl Session-IDs haben, was für die Suchmaschine mühsam ist.

Weshalb der Ärger?

Die Session-ID liefert Google oder anderen Suchmaschinen altbekannten Inhalt an neuen Orten. Jedes Mal, wenn also der Googlebot Ihrer Webseite einen Besuch abstattet, kann ein und derselbe Inhalt in wechselnder Gestalt (bzw. Session-ID) auftauchen. Und was macht der Googlebot als effizient agierender Roboter? Anstatt dieselben Informationen mehrfach zu indexieren, verhält er sich ignorant. Er vermeidet jegliche Form von potenzieller Verwirrung und wendet einer Seite den Rücken zu, sobald er ein »&« in der Adresse erkennt.

Das sollten Sie ausprobieren:

Googles neueste und eleganteste Lösung gegen Duplicate Content ist das Canonical-URL-Tag. Durch einen speziellen Code im Header einer Webseite ist es möglich, eine Seite als Original auszuzeichnen und dies für Suchmaschinen kenntlich zu machen. Jegliche Optimierungsmaßnahmen legen dann diese Kennzeichnung zugrunde, was sich natürlich auch auf den PageRank auswirkt. Probieren Sie es aus.

34
Webdesign
#404

Sackgasse Fehlerseite

Klick, klick, klick ... schade! Wenn ich auf einen Link klicke, erwarte ich, dass er funktioniert. Wenn aber der Hinweis »404 – Not found« erscheint, so können Sie sicher sein, dass dieser Besucher nicht mehr wiederkommt.

NetMechanic

Mit NetMechanic steht Ihnen ein großartiges Werkzeug zur Verfügung, das sogar gratis ist, sofern Sie nur eine einzige Webseite überprüfen möchten. NetMechanic testet die technischen Funktionen Ihrer Seite und gibt Ihnen innerhalb weniger Sekunden ein hilfreiches Feedback darüber, wie gut Ihre Webseite aus technischer Sicht ihren Dienst verrichtet. Das Tool finden Sie unter *www.netmechanic.com/products/HTML_Toolbox_Free-Sample.shtml*. Im Folgenden werden die einzelnen Features erklärt.

Übrigens: Auch das Google-Webmaster-Tool liefert Hinweise auf Ladezeit, Fehlerseiten, Seiten, die nicht gefunden wurden, doppelte Title-Tags und Description, Links, die auf Ihre Seite verweisen etc. Um es zu benutzen, müssen Sie Ihre Seite durch den Upload einer speziellen HTML-Seite bei Google verifizieren.

Load time

Wie schnell lädt der Server die Seite? Wie viele verschiedene Server müssen kontaktiert werden, um dem Anwender alle dazugehörigen Dokumente und Bilder zu liefern? Sind Ihre Bilder weboptimiert? Zwar verwendet ein Großteil der Anwender mittlerweile Breitbandinternet, doch selbst beim allerersten Aufrufen einer Webseite hat die Geduld schnell Grenzen. Bitte beachten Sie, dass NetMechanic alle Webseiten bestraft, deren Volumen mehr als 40 k beträgt – ganz schön streng, oder? Andererseits müssen Sie damit rechnen, dass auch Google diejenigen Seiten bevorzugt behandelt, die dem Kunden schnelle Informationen liefern.

HTML Check & Repair

Diese Überprüfung ist zwar nicht so detailliert wie die des W3C-Konsortiums, gibt aber einen guten Anhaltspunkt dazu, ob der Code auf Ihrer Seite seinen Zweck erfüllt. Enthält er Fehler, gibt NetMechanic Ihnen sogar Tipps zur Beseitigung. Auch Google mag holperigen oder gar fehlerhaften Code nicht. Wieso soll man seinen Kunden also schlecht gemachte Seiten zumuten, wenn es so viele technisch perfekte gibt?

Browser Compatibility

Nicht jeder verwendet den Internet Explorer (oder überhaupt PCs), und die Anzahl der Leute, die Microsoft-Produkten den Rücken zuwenden, hat in den letzten Jahren massiv zugenommen. Sie und Ihr Webentwickler sollten also darauf achten, wie Ihre Webseite auf verschiedenen Browsern wie zum Beispiel Firefox, Safari oder Opera aussieht. Ich persönlich empfehle Ihnen, bei nächster Gelegenheit auf Firefox umzusteigen, und wenn Sie auf einem Macintosh arbeiten, ist Safari Ihre erste Wahl. Denken Sie immer daran, dass sich niemand gerne freiwillig länger auf Ihrer Webseite aufhält, wenn sie merkwürdig dargestellt wird.

Link Check

NetMechanic kann nicht überprüfen, ob alle Links zur richtigen Seite verweisen. Das Tool kann Ihnen aber alle 404-Fehlerseiten anzeigen, also die Seiten, die nicht gefunden werden können. Tote Links sind ein großes Ärgernis für den Anwender. Wer in eine solche Sackgasse gerät, kommt in der Regel nicht mehr wieder. Rechnen Sie nicht damit, dass sich jemand die Zeit mit, Ihnen eine nette E-Mail zu schreiben, um Sie auf den Fehler hinzuweisen. Es ist Ihre Aufgabe, das zu bemerken, und mit Net-Mechanic haben Sie das entsprechende Werkzeug zur Hand.

Das sollten Sie ausprobieren:

Jetzt haben Sie also Ihre Webseite mit Hilfe von NetMechanic durchgecheckt. Dieses Tool können Sie aber auch für die Überprüfung von Konkurrenzseiten anwenden. Wie schneiden diese im Vergleich zu Ihnen ab? Gibt es vielleicht eine Relation zwischen deren aktueller Google-Positionierung und den von Ihnen beziehungsweise NetMechanic gefundenen Mängeln? Diese Form von Konkurrenzanalyse ist Gold wert und steht Ihnen mit ein paar Mausklicks kostenlos zur Verfügung.

35

Heute schon aufgeräumt?

Nur sauberer Code ist guter Code

Sie können Ihre Webseite bunt und lebendig gestalten, sollten aber darauf achten, dass der zugrunde liegende Code immer möglichst einfach und sauber bleibt.

Ordentliche Umgebung, ordentliche Gedanken

Google ist ein pingeliger Gast. Er mag keine Flocktapeten, Lavalampen oder ähnlichen Schnickschnack, sondern bevorzugt klare Linien und saubere Flächen ohne jeglichen Firlefanz. Wie setze ich diesen Wunsch in HTML-Code um? Als Erstes könnten Sie mal nachschauen, was Google selbst darüber sagt: *www.google.com/support/webmasters/bin/answer. py?hl=de&answer=35769*. Dort gibt es unmissverständliche Instruktionen dahingehend, was Google von Ihrer Seite erwartet. Google möchte, dass Sie Ihren Code auf logische Art und Weise präsentieren, und das bedeutet nichts anderes als eine klare Abgrenzung zwischen den eigentlichen Kerninhalten Ihrer Webseite und einer effektvollen Art und Weise, diese zu präsentieren.

Beim ersten Besuch Ihrer Seite wird der Googlebot nur kurz schauen, ob alles einigermaßen logisch aussieht, und sich dann für einen nochmaligen Besuch entscheiden. Wenn ihm Ihr Code allerdings unaufgeräumt erscheint, verliert der Googlebot schnell die Lust, sich durch das Wirrwarr zu wühlen, und verabschiedet sich wieder. Weniger ist also auch hier mehr.

Drunter und drüber

Vermutlich wird Ihr Webentwickler wenig erfreut sein, aber sprechen Sie ihn ruhig mal auf das Codelayout Ihrer Webseite an. Vielfach ist es nämlich ganz anders aufgebaut, als Google es erwartet. Der klassische Weg ähnelt dem Bau eines Hauses: Sie beginnen mit dem Fundament, ziehen anschließend die Wände hoch und kümmern sich zum Schluss um das Dach. Erst wenn alles fertig ist, kaufen Sie Möbel. Da Sie nun aber wissen, dass Google großen Wert auf den Content (also die Möbel) legt, sollten Sie diesem Aspekt schon zu einem früheren Zeitpunkt mehr Gewicht einräumen. Idealerweise sollten Sie versuchen, direkt nach der Header-Information zum Content überzugehen (inklusive Keywords, H-Tags, Alt-Tags etc.), bevor Sie die Architektur drumherum bauen. Stellen Sie zuerst den nackten Content möglichst suchmaschinenfreundlich ein und kümmern Sie sich erst dann um die (Ver-)Kleidung.

HTML-Tags richtig setzen

Kennzeichnungen sind für Google das Wichtigste überhaupt. Der Googlebot sucht nach Markierungszeichen, die den Inhalt der jeweiligen Seite möglichst akkurat repräsentieren. Teilen Sie Google mit, wie Sie die Seite organisiert haben und welche Wichtigkeit Sie einzelnen Sektionen geben: H-Tags funktionieren am besten, wenn Sie ihnen eine korrekte Priorisierung zuweisen und zusammen mit Alt-Tags für Ihre Bilder anwenden. Wenn Sie Text unterteilen wollen, machen Sie das lieber mit einer Absatzformatierung (<p>) als mit einem einfachen Linebreak (<br />). Weisen Sie den Googlebot immer wieder darauf hin, wo er was findet und wo Sie selbst den Fokus setzen.

Das sollten Sie ausprobieren:

Statten Sie dem Quellcode Ihrer Webseite einen Besuch ab. Wie Sie dabei vorgehen, hängt vom verwendeten Browser und von Ihrem Betriebssystem ab. Normalerweise sehen Sie ein Textdokument, das Ihnen den zugrunde liegenden Code der jeweiligen Seite zeigt. Auch wenn Sie nichts von Programmierung verstehen, können Sie sich einen guten Eindruck davon verschaffen, ob es im Code aufgeräumt oder chaotisch aussieht. Wenn Letzteres der Fall ist, bitten Sie Ihren Programmierer, für Ordnung zu sorgen.

36

JavaScript-Intoleranz

Appetit auf Cookies?

Sie können Google gern wie einen Gourmet behandeln. Tischen Sie ruhig Jakobsmuscheln mit frischem Basilikum auf, aber was der Googlebot zum Sattwerden braucht, sind bloß ein paar Scheiben trockenes Toastbrot …

Das Cookie-Dilemma

Ein HTML-Cookie ist ein kleines Textpaket, das vom Server (zusammen mit der aufgerufenen Seite) an den Anwender gesendet wird und von dort sofort wieder zurück an den Server geht. Die Aufgabe eines Cookies ist es, sich das Verhalten eines Kunden zu merken. Wenn Sie beispielsweise in einem Onlinebuchshop beim letzten Besuch ein bestimmtes Buch angeschaut haben, erinnert sich der Server daran und zeigt Ihnen bei Ihrem nächsten Besuch dieses Buch mit dem Zusatz »zuletzt angeschaut« erneut an. Ohne Cookies würde das nicht funktionieren.

Wenn Sie hingegen Cookies dazu verwendet haben, um festzustellen, ob sich jemand eingeloggt hat oder eine Abogebühr bezahlt hat, um bestimmte Teile Ihrer Webseite zu benutzen, nimmt Google diese Cookies nicht an und kann deshalb solche »Mitgliederseiten« nicht ansteuern. Was aber noch viel schlimmer ist: Google geht in einem solchen Fall davon aus, dass Sie unerwünschte Cloaking-Techniken anwenden, dass Sie also dem Anwender etwas anderes zeigen wollen, als Sie Google gegenüber angeben. Gehen Sie also auf Nummer sicher und vermeiden Sie Cookies, wo immer es möglich ist.

JavaScript

Zwar macht JavaScript die Navigation attraktiver, verbirgt aber leider wichtigen Inhalt vor Google. Grundsätzlich erkennt zwar auch Google die Qualitäten von JavaScript an, geht aber davon aus, dass JavaScript nicht für jeden verfügbar ist. Deshalb stuft Google Webseiten mit hohem JavaScript-Aufkommen immer etwas schlechter ein – es sei denn, Sie waren vorausschauend genug, zusätzlich eine pure HTML- oder XML-Sitemap einzubauen. Ist diese von der Startseite aus erreichbar, kann Google die komplette Webseite trotz JavaScript einwandfrei indexieren.

Das sollten Sie ausprobieren:

Wenn Sie sich den Quellcode Ihrer Seite etwas genauer anschauen und dabei feststellen, dass all die tollen Navigationselemente und Rollover-Grafiken auf JavaScript basieren, haben Sie ein Problem. Zwar sieht Ihre Seite für den Anwender toll aus, aber bei Google haben Sie kein Stein im Brett. Sie sollten deshalb meines Erachtens auf JavaScript-Elemente verzichten, auch wenn es schmerzt. Der Durchschnitts-User kann sowohl JavaScript als auch textbasierte Links erkennen, Google nicht. Beruhigend, dass hier mal der Mensch einen Vorsprung gegenüber der Technik hat.

37

Das große Ganze

Wenig Geld? Wenig Zeit? Dann klicken Sie hier ...

Haben Sie kein Geld, um einen SEO-Spezialisten anzuheuern, der alle Aktivitäten laufend überwacht? Das ist verständlich, doch zum Glück gibt es ja hilfreiche Tools, die wenig bis gar nichts kosten.

www.statcounter.com

Ja, Sie haben richtig geraten, bei Statcounter handelt es sich um ein weiteres Statistikprogramm, das Ihnen zeigt, was auf Ihrer Webseite vor sich geht. Funktionieren die Keywords und die Formulierungen, in die Sie so viel Zeit (und vielleicht auch Geld) investiert haben? Viele Informationen erhalten Sie zwar auch über Google Analytics, aber dieses Tool ist nur für Suchanfragen mit Google einsetzbar. Auf Infos zu Anfragen via Yahoo!, AltaVista oder Bing müssen Sie bei Analytics verzichten, was dann von Nachteil ist, wenn Sie ein breites Spektrum von Suchmaschinen im Blick behalten möchten.

Welche Suchmaschine soll es sein?

Google ist derzeit der absolute Marktführer und wird es wohl auch für lange Zeit bleiben. Allerdings ist »lang« gerade im Internetbusiness eine relative Größe. Unterschätzen Sie die Konkurrenz nicht. Auch Google war vor noch nicht allzu langer Zeit ein Mauerblümchen. Halten Sie immer Ausschau nach Lösungen, die nicht aus der Google-Küche stammen. Lässt sich irgendwo ein Muster erkennen, nimmt der Traffic auffällig zu? Auch wenn es sich nur um wenige Prozent pro Monat handelt, sollten Sie alle Tendenzen akribisch verfolgen. Unter den auf den ersten Blick unbekannten Suchmaschinen ist vielleicht eine darunter, die ausgerechnet für Ihre Branche und Ihre Kunden zum Standard werden könnte.

Elvis has left the building

Was ich am Programm Statcounter besonders mag, ist die Exit-Page-Analyse. Die zeigt Ihnen, auf welcher Seite der Besucher zuletzt war, bevor er Ihre Webseite wieder verlassen hat. Auf rein informativen Webseiten ohne E-Commerce-Features ist es ideal, wenn die häufigste Exit-Page die Seite ist, auf der ein Interessent weitere Infos anfordern oder Sie kontaktieren kann. Dies belegt nämlich, dass der Anwender die gesuchte Information gefunden hat und dann Kontakt zu Ihnen aufnimmt. Aber ist das wirklich der Fall?

Das sollten Sie ausprobieren:

Was Sie sowohl mit Statcounter als auch mit Google Analytics herausfinden können, ist der geografische Ort des Anwenders. Sitzt Ihre Firma in Deutschland, möchten Sie Ihr Produkt vermutlich auch in der Schweiz und in Österreich verkaufen. Was aber, wenn Sie feststellen, dass das größte Interesse beispielsweise in Belgien besteht? Stellen Sie sich vor, um wie viel attraktiver Ihr Angebot sein könnte, wenn Sie für dieses Land eine sprachliche Anpassung oder anderweitige Seitenoptimierung vornehmen und etwas Geld für Google AdWords in die Hand nehmen würden. Es kommt nicht selten vor, dass die gründliche Auswertung von Statistiken den ursprünglichen Businessplan über den Haufen wirft, da man plötzlich feststellt, dass die Kunden woanders sind als gedacht. In einem solchen Fall sollten Sie professionell reagieren, um die neuen Erkenntnisse intelligent zu nutzen, so überraschend sie auch sein mögen.

38

Genau hinsehen

Denken Sie an Ihre Nische

Wie groß ist Ihr Markt? Was wollen Ihre Kunden? Wissen Sie das überhaupt? Wann haben Sie das letzte Mal mit einem Kunden zusammengesessen und ihn danach gefragt? Und was hält Google eigentlich davon?

Direkt oder über Umwege

Beim Planen eines neuen Geschäfts wollen die meisten von uns natürlich etwas verkaufen, was beliebt ist – sei es ein Produkt oder eine Dienstleistung. »Die Leute mögen Teletubbies – gut, also verkaufen wir welche.« Eine simple Idee, die Ihnen aber kein Geld bringt, denn irgendein Mitbewerber kann das Produkt immer in größeren Mengen günstiger ein- und gewinnbringender verkaufen. Und Sie sitzen schnell auf dem Trockenen. Schauen Sie deshalb über den Tellerrand: Kauft jemand, der an Produkten für Kinder im Vorschulalter interessiert ist, vielleicht auch Lernmaterialien für Kindergärtner? Wie sieht es mit Brettspielen oder Postern aus? Welche Konkurrenz gibt es? Beim Long-Tail-Business geht es darum, eine Nische zu besetzen und bis ins kleinste Detail zu nutzen. Wieso sollte sich ein Kunde, der Harry-Potter-Bücher liest, nicht auch für einen Wissenschaftsbaukasten interessieren? Planen Sie Umwege ein, schauen Sie zweimal hin und machen Sie mit ergänzenden Produkten Profit. Anstelle des Harry-Potter-Buches verkaufen Sie lieber Zauberkasten, Zauberstab oder -umhang.

Ökonomie für Anfänger

Sie können Ihr ganzes Leben damit verbringen, populäre Artikel auf Ihrer Webseite zu bewerben und zu verkaufen. Bedenken Sie aber: Die

Kräfte des Marktes werden Sie bald dazu zwingen, diese Produkte günstiger als die Konkurrenz anzubieten und viel mehr davon zu verkaufen, da ja die Profitmarge ständig schrumpft. Versuchen Sie also bei allem, was Sie verkaufen, an den »Rattenschwanz« zu denken, den »Long Tail«. Ihr Einkaufsverhalten sollte eng an die Art und Weise geknüpft sein, wie Sie sich mit Ihrer Webseite positionieren. Wenn Sie nicht zufällig mehrere Marketingmillionen in der Tasche haben, macht es keinen Sinn, einen generischen Markt, also einen bestimmten Gattungsmarkt besetzen zu wollen, ganz egal wie groß Ihre Expertise darin sein mag.

Wenden Sie sich stattdessen dem Nischenmarkt zu. Der mag zwar per definitionem klein sein, aber Sie finden dort Eigenschaften wie Leidenschaft, Markentreue und zuweilen gar eine Obsession für das Produkt, die sonst selten anzutreffen ist. Besuchen Sie zum Beispiel mal eine Comic- oder Manga-Messe und staunen Sie darüber, wie eingeschworen die Fans dort sind. Jemand, der sich für eine solche Nische interessiert, würde niemals seine Lieblingsfigur bei Toys'R'Us kaufen. Er zahlt lieber ein paar Euro mehr und besucht einen speziell auf seine Bedürfnisse ausgerichteten Fanshop.

Das sollten Sie ausprobieren:

Gehen Sie noch einmal zurück zur Keywordanalyse. Gab es Produkte, Formulierungen oder Stimmungen, die Ihnen ein Anzeichen dafür geben könnten, Ihr Angebot zu erweitern oder für ein Nischenpublikum anzupassen? Sie dürfen sich den Fakten gegenüber nicht verschließen, auch wenn Sie vielleicht sogar Widerspruch zu den eigentlichen Beweggründen Ihrer Firmengründung entdecken. Viele Unternehmen wurden nur deshalb erfolgreich, weil sie erkannten, dass der Kunde etwas anderes wollte, als sie ursprünglich im Businessplan vorgesehen hatten.

39

Auf Bedürfnisse eingehen

Foren, Communitys und RSS

Eine wirklich gelungene Webseite lädt den Anwender dazu ein, länger zu verweilen, und gibt ihm gute Gründe, gern wiederzukommen.

Gelingt es Ihnen, eine Art Communityfeeling auf Ihrer Webseite zu erzeugen, ernten Sie die Belohnung in Form zahlreicher Besucher und Käufer – und zwar unabhängig davon, was Sie anbieten. Auch bei Google wird diese Aktivität nicht unbemerkt bleiben, da die Suchmaschine erkennt, dass viele Keywords, die in Ihrer Branche wichtig sind, in einem nahezu täglichen Rhythmus vorkommen. Jedes Mal, wenn der Googlebot bei Ihnen vorbeikommt, findet er tonnenweise neues, für ihn relevantes Material. Sie können sich gut vorstellen, wie das Ihr Ranking positiv beeinflusst, oder?

Ein neues Zuhause

In Sachen Komfort ziehen wir ein weiches, luxuriöses Daunenbett einer kratzigen, schmuddeligen Wolldecke vor. Genau dieses Gefühl müssen Sie auch auf Ihrer Webseite erzeugen. Umgarnen Sie den Anwender mit Ihren Fachkenntnissen, überzeugen Sie die Welt davon, dass Ihre Webseite die ultimative Quelle für Informationen oder Produkte einer bestimmten Zielgruppe ist, und schaffen Sie für den Anwender eine warme Umgebung, in der er sich wohlfühlt. Entspannte, zufriedene User verbringen automatisch mehr Zeit auf Ihrer Webseite, und wenn Sie dort etwas verkaufen, kann diese positive Grundstimmung nur von Vorteil sein. Unterschätzen Sie auch nie die Mundpropaganda. Im Zeitalter von Twitter, Foren und Blogs machen Informationen schnell die Runde. Wenn Sie es geschickt anstellen, sind die User so von Ihnen beeindruckt, dass sie es Kollegen und Freunden gerne weitersagen.

Wie wär's mit einem Forum?

»Mit Autos ist es einfach. Was aber mache ich mit einer Zahnarzt-Webseite oder einem Architekturbüro?« Als Antwort möchte ich gern einen Satz ins Spiel bringen, der schon in den späten Neunzigerjahren aktuell war:»Content is king.« Der Inhalt zählt, das gilt auch heute noch. Wenn Ihre Webseite gute Texte liefert, regelmäßig aktualisiert wird und für viele User interessant ist, dann werden Sie auch Leser finden. Ein gut besuchtes Forum kann einen zusätzlichen Anreiz darstellen. Ganz nach dem Motto:»Ich wusste gar nicht, dass es so viele andere Menschen gibt, die Bierdeckel sammeln.« Mit der Erfindung der RSS-Feeds ist ein Großteil der Arbeit für Sie schon erledigt. Sie posten einfach einen Artikel, und alle Leute, die sich für den RSS-Feed eingetragen haben, erhalten diese Meldung automatisch. Wenn in diesem Feed Links enthalten sind, kann der Anwender Ihre Webseite direkt besuchen.

Das sollten Sie ausprobieren:

Suchen Sie im Web ein paar Open-Source-Foren, die Sie herunterladen können. Als Einstieg können Sie es einmal mit folgender Adresse versuchen: **http://phpmyforum.de**. Vergleichen Sie die Spezifikationen der einzelnen Tools, stellen Sie Fragen im Hinblick auf die Anpassbarkeit und das Erscheinungsbild und finden Sie heraus, ob für den Anwender Plugins erforderlich sind. Eine passende Software können Sie zuerst unter Ausschluss der Öffentlichkeit in einem geschützten Bereich Ihrer Webseite testen. Foren sind nicht nur für das B2C-Geschäft geeignet, sondern bieten darüber hinaus Kunden die Möglichkeit eines gegenseitigen Austauschs.

40

Zielgruppen-ansprache

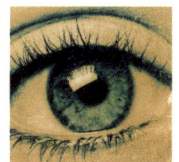

Gute und schlechte Navigation

Die »Macht« mag ja Luke Skywalker auf die Sprünge geholfen haben, aber Ihre Kunden sind keine Jedis. Bieten Sie Ihren Usern lieber einen klaren, gut ausgedachten Navigationspfad, dem sie leicht folgen können.

Navigieren Sie, was das Zeug hält

Auf die Prominenz und Relevanz von Keywords sollten Sie Ihr Augenmerk richten, wenn Sie effektive Texte für eine Webseite erstellen wollen. Aber: Alles beginnt mit einer guten Navigation. Seien Sie klar und bestimmt in dem, was Sie anbieten. JavaScript hat seine Berechtigung, aber Google kann nichts damit anfangen und Ihre Seite nicht indizieren. Der Googlebot bleibt auf der Startseite stecken. Grafische Darstellungen von Buttons sehen zwar toll aus, aber auch hier kann Google nicht erkennen, welche Worte in die Grafik integriert wurden. Diese Texte sowie die entsprechenden Links sind für Google unsichtbar. Arbeiten Sie deshalb lieber mit einfachen und »ehrlichen« Textlinks. Alles andere wird dem Ranking Ihrer Seite leider eher abträglich sein.

Benutzerfreundlichkeit

Die meisten Webdesignfreaks singen Lobeshymnen darauf, wie wichtig es ist, die Navigation über alle Seiten möglichst konsistent zu halten, um dadurch eine möglichst hohe Vertrautheit und Bedienungsfreundlichkeit zu schaffen. Google beurteilt das weniger streng, da das visuelle Erscheinungsbild für die Suchmaschine zweitrangig ist. Tatsächlich würde es der

Googlebot sogar begrüßen, wenn er beim Eintritt in eine neue Textsektion auch neue Navigationsmöglichkeiten vorfinden würde. Ihre Navigation sollte immer subjektspezifisch und dicht in Bezug auf relevante und zueinander verwandte Keywords sein. Wenn ich zum Beispiel auf der Webseite meiner Bank in meinem persönlichen Onlinebankingbereich bin, macht es wenig Sinn, mir die Optionen für Businessbanking anzuzeigen, denn die sind sowohl für mich als auch für Google irrelevant.

Die Drei-Klick-Regel

Die Drei-Klick-Regel stammt zwar noch aus den Urzeiten des Internets, hat aber nach wie vor Gültigkeit: Ein User sollte den Besuch auf Ihrer Webseite mit drei Klicks abschließen können. Wenn Sie also ein Produkt verkaufen, sollte es spätestens mit dem dritten Klick im Warenkorb landen. Verfolgt Ihre Webseite vorwiegend Informationszwecke und soll neue Kunden anwerben, dann muss der dritte Klick den Anwender auf eine Kontaktseite führen. Wenn es derzeit mehr als drei Klicks braucht, damit ein Anwender seine Interaktion abschließen kann, sollten Sie diesen Prozess optimieren.

Das sollten Sie ausprobieren:

Rufen Sie die Webseite von Amazon auf und bestellen Sie ein Buch, das Ihnen interessant erscheint. Während des Bestellvorgangs sehen Sie eine einfache Grafik am Kopf der Seite, die Ihnen angibt, aus welchen Schritten der Prozess besteht und in welchem Abschnitt Sie sich gerade befinden. Genial! Eine ebenso simple wie nützliche Lösung, die dem Kunden zeigt, was er gerade macht und welche Schritte die nächsten sind. Wenn Sie eine Möglichkeit haben, Ähnliches auch auf Ihrer Seite zu integrieren, sollten Sie das tun.

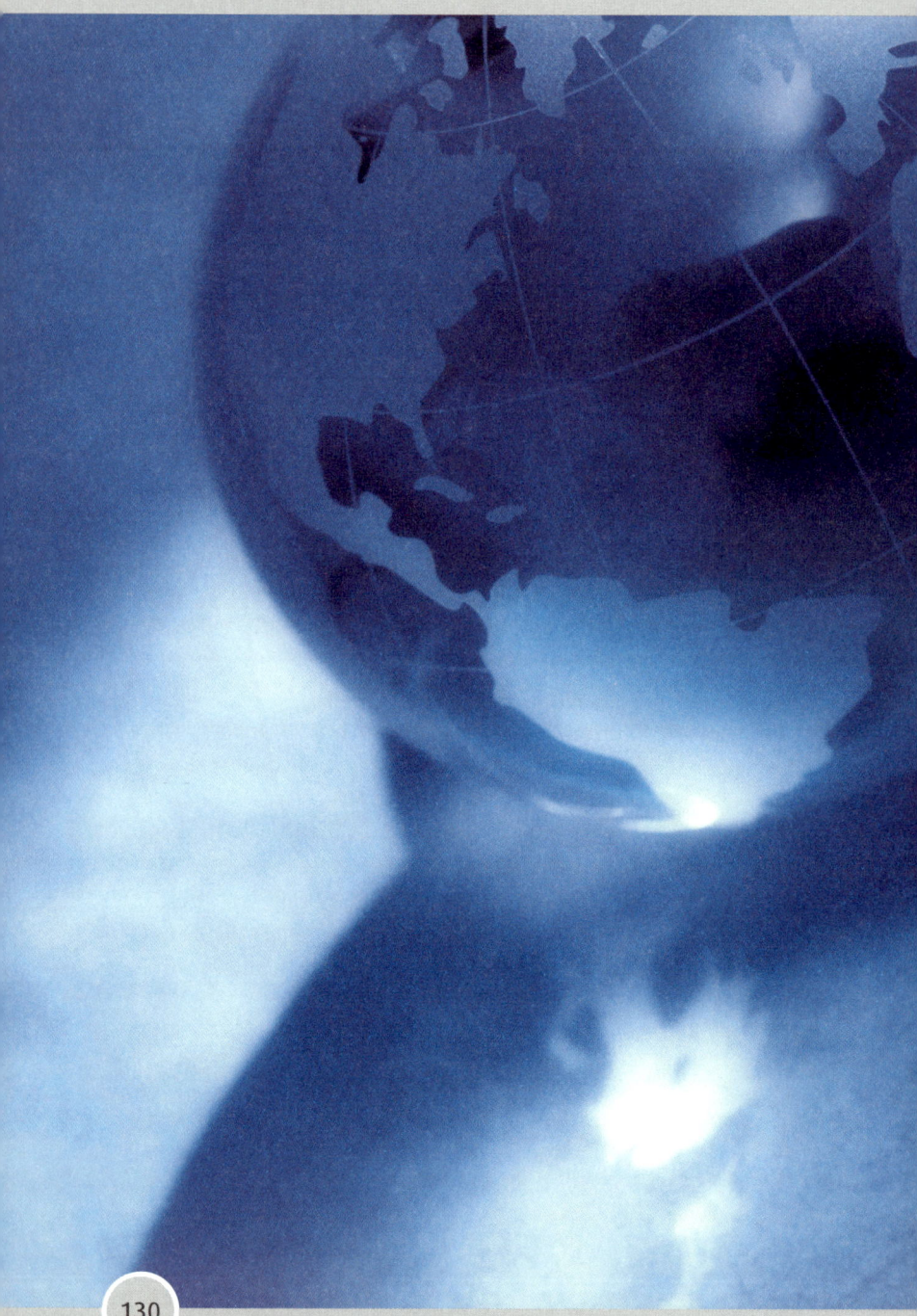

41

World
Wide Web

Mehrsprachige Marketingmaßnahmen

Nicht die ganze Welt spricht Englisch oder Deutsch. Das Ignorieren anderer Sprachen kann potenzielle Interessenten davon abhalten, Sie zu finden und zu Kunden Ihrer Firma zu werden.

Wo ist der Mehrwert?

Als englischer Autor bin ich sehr glücklich darüber, dass Englisch sowohl als Sprache des Business wie auch des Internets gilt, aber selbst ich musste feststellen, dass es nicht immer funktioniert. Natürlich ist der Aufwand, eine Seite zu übersetzen, nicht unerheblich. Der Schritt, eine mehrsprachige Webseite anzubieten, sollte deshalb gut überlegt sein. Alle Ihre Geschäftsfelder müssen berücksichtigt werden, das Budget muss stimmen. Die entscheidende Frage ist daher, ob es für Ihre Firma und Ihre Kunden wirklich einen Mehrwert darstellt, eine mehrsprachige Version der Webseite einzurichten. Ist dieser konkrete Mehrwert beziehungsweise Mehrumsatz nicht gegeben, sollten Sie die Finger davon lassen und sich die Mühe sparen.

Keine halben Sachen

Wenn Sie sich für Mehrsprachigkeit entscheiden, sollten Sie schon jetzt an die Nachfolgekosten für die Unterhaltung der Seite denken. Die Vorteile hingegen können ebenfalls sehr groß sein. Vergewissern Sie sich, dass für jede Sprachversion ein Projektmanager zuständig ist, am besten ein Muttersprachler. Diese Person ist verantwortlich für den Inhalt der

Webseite und kümmert sich um die landesspezifische Google-Anpassung. Der lokale Projektmanager sollte unbedingt in die Auswahl der Keywords, in die Optimierung und gegebenenfalls auch in die Verwaltung des AdWords-Budgets eingebunden werden.

Verwaltung mehrsprachiger Seiten
Folgen Sie für die fremdsprachigen Seiten denselben Schritten, die Sie auch für Ihre Aktionen im Stammland gewählt haben. Finden Sie heraus, wer Ihre lokalen Mitbewerber sind, recherchieren Sie Ihre Keywords und beginnen Sie, die fremdsprachigen Seiten zu optimieren. Sie müssen in jedem Land einen separaten Google-Account eröffnen, um Ihre AdWords- und Analytics-Daten zu überwachen. In Spanien zum Beispiel müssen Sie mit *www.google.es* operieren.

Das sollten Sie ausprobieren:

Erstellen Sie eine kleine Fallstudie für Ihre Webseite, bei der Sie überprüfen, was es bringen würde, wenn Ihre bestehende Seite zusätzlich in zwei Fremdsprachen übersetzt würde. Was wären die konkreten Vorteile, welche zwei Sprachen eignen sich am besten und welche Konkurrenz haben Sie in diesen Ländern? Wenn es zum Beispiel keine Firma in Spanien gibt, die ein ähnliches Produkt vertreibt wie Sie, kann es durchaus der Neukundengewinnung dienen, Ihre Seite auch auf Spanisch anzubieten.

42

Keine Atempause

Verfeinern, verbessern, neu entdecken

Wenn einmal ein Großteil der harten Arbeit getan ist, machen viele den Fehler, sich auf ihren Lorbeeren auszuruhen und darauf zu warten, dass der Rubel rollt. Das wird aber nicht geschehen – es sei denn, Sie versuchen weiterhin, auf der Höhe des Geschehens zu bleiben.

Achtung, Neuankömmlinge

Fast stündlich betreten neue Spieler die Internetarena. Sie sind vermutlich nicht die einzige Firma, die Gartenzwerge online verkauft. Gönnen Sie sich also keine allzu lange Pause, denn auch ein gutes Page-Ranking kann innerhalb weniger Tage oder Wochen wieder abrutschen – und wer weiß schon genau, was in nächster Zukunft geschehen wird?

Weshalb diese Fluktuation?

Prima, Sie haben nun endlich die ersten Früchte Ihrer Arbeit geerntet und eine Top-Platzierung bei Google erreicht. Mit den Keywords, die für Sie und Ihre Firma wirklich wichtig sind, haben Sie Traffic und Umsatz generiert. Und dann, eines heiteren Tages, sind Sie plötzlich auf Seite zwei oder noch weiter nach hinten gerutscht. Wie kann das passieren?

Sie dürfen nie vergessen, dass auch viele Ihrer Mitbewerber sich um das Thema Google und SEO kümmern und laufend an der Verbesserung ihrer Webpräsenz arbeiten. Aber auch die Suchmaschinen selbst wechseln ständig ihre Algorithmen, sodass etwas, was gestern noch sexy und erfolgreich war, heute plötzlich durch etwas Neues ersetzt wird. Denken Sie nur an das Beispiel der reziproken und der eingehenden Links. Seien Sie sich also immer bewusst, dass das Web im Allgemeinen und die Suchmaschinen im Speziellen ein sich ständig änderndes Phänomen sind. Es ist Ihre Verantwortung, permanent auf dem Laufenden zu sein und zu erkennen, was gerade in und was out ist. Das Web und die ihm zugrunde liegenden Regeln sind nicht starr, sondern organisch. Genau das sorgt einerseits für Spannung, andererseits aber auch für sehr viel Arbeit und gegebenenfalls Frust aufseiten der Webseitenbetreiber.

Das sollten Sie ausprobieren:

Mindestens alle sechs Monate (bei einer umfangreichen Webseite häufiger) sollten Sie Ihre Seite einer Prüfung unterziehen und die Performance testen. Behandeln Sie Ihre Seite, als wäre sie einer Ihrer Angestellten, und geben Sie ihr Noten, Aufgaben und Managementziele. Involvieren Sie auch Ihre Belegschaft und lassen Sie die Webseite immer wieder von verschiedenen Leuten unter die Lupe nehmen, so wie es auch Kunden tun. Mit Hilfe dieser Vorgehensweise haben Sie innerhalb weniger Stunden einen aktuellen Lagebericht, der Ihnen gegebenenfalls konkreten Handlungsbedarf aufzeigt.

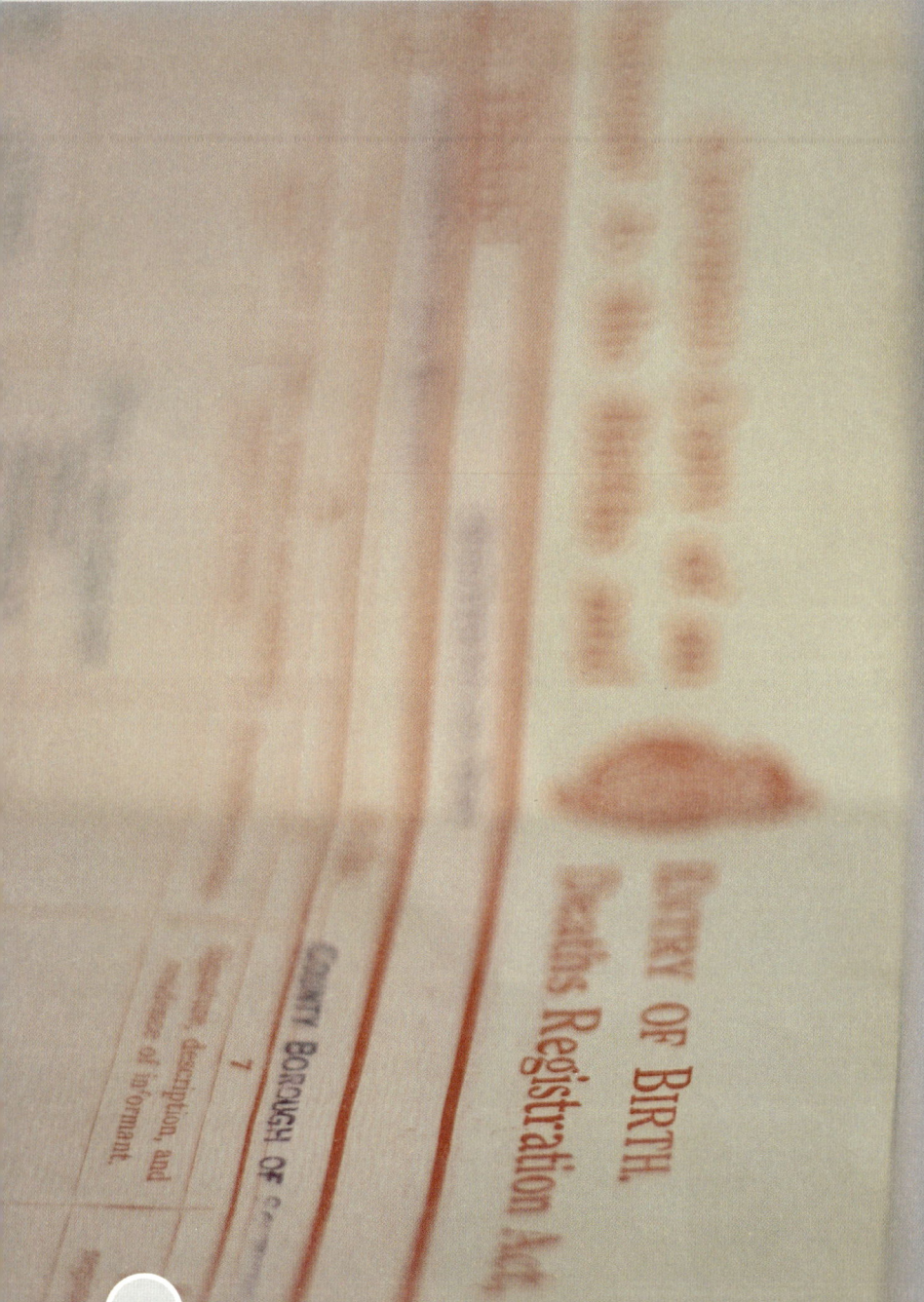

43

Nennen Sie das Kind beim Namen

Die Bedeutung des Domainnamens

Google ist sehr direkt: Für die Findbarkeit einer Webseite zählt vor allem der Hauptname der Domain. Wer von diesem Schema abweicht, wird komisch angeguckt.

Verzeichnisse von Geburten, Todestagen und Eheschließungen

Besonders bei umfangreichen Webseiten liegt es nahe, Subdomains anzulegen, um den Inhalt besser zu organisieren. Beispiele solcher Subdomains sind *www.business.mydomain.com* oder *www.personal.mydomain. com*, doch derartige Lösungen sind äußerst kontraproduktiv. Google bevorzugt die umgekehrte Variante: *www.mydomain.com/business*. Für Sie und Ihre Kunden wäre dadurch derselbe Zweck erfüllt, zusätzlich würden Sie aber auch noch Google glücklich machen. Wenn Ihr Geschäft expandiert und neue Kategorien oder Produkte auftauchen, sodass Sie zusätzliche Seiten anlegen möchten, dann folgen Sie also am besten diesem Schema: *www.mydomain.com/newpage*.

Keine Kryptik

Aus Verwaltungsgründen haben Sie Ihren Produkten vermutlich SKUs (Stock Keeping Units), also Artikelnummern zugeordnet. Während diese Codes Ihnen als Orientierung dienen, erschließt sich ihr Sinn für den

Anwender sowie für Google eher selten. Artikelnummern sind für den Einzelhandel essenziell, da sie bei Buchhaltung und Verwaltung helfen sowie den Liefer- und Zahlungsprozess beschleunigen. Doch Google und Ihre Kunden wissen nicht, was ein F22451 ist. Beiden wäre mehr gedient, wenn das Produkt »SONY 32-inch HD ready LCD-Fernseher« hieße. Diese Bezeichnung sollte zumindest in der URL der Produktdetailseite lesbar sein.

Wozu das Ganze?

Nehmen wir an, ein Kunde sucht über Google nach einem »SONY 32-inch HD ready LCD-Fernseher«. Weniger als eine halbe Sekunde nach der Anfrage wird ihm eine Ergebnisliste angezeigt. Haben Sie Ihr Produkt im Internet mit der Artikelnummer »F22451« abgelegt, ist die Chance verschwindend gering, dass es auf Seite eins der Suchergebnisse auftaucht. Wenn Sie aber Ihre entsprechende Seite *www.mydomain.com/Sony_32inch-HDready_LCD* genannt haben, ist die Wahrscheinlichkeit sehr viel höher, dass Ihr Fernseher dem Interessenten gezeigt wird und ihn zu einem potenziellen Käufer macht.

Das sollten Sie ausprobieren:

Wenn immer möglich, sollten Sie Webseiten, die Ihre wichtigsten Produkte oder Dienstleistungen enthalten, so benennen, dass Keywords und Suchbegriffe in der URL enthalten sind, um eine gute Findbarkeit zu gewährleisten. Artikelnummern sollten lediglich ein firmeninternes Hilfsmittel sein. Hier sind sie sogar sehr hilfreich, auch für Kommunikationszwecke (Beispiel: »Wir haben wieder 20 Prozent mehr von #2234 verkauft«). Der Rest der Welt mag es lieber, wenn Sie das Kind beim Namen nennen.

44

Lernen Sie Google besser kennen

Googles Geheimnisse

Von Zeit zu Zeit veröffentlicht Google spärliche Informationen, die den Webseitenbetreibern helfen sollen, ihre Rankings zu verbessern. Da diese Infohäppchen sehr selten sind, sollten Sie ihnen umso mehr Aufmerksamkeit schenken. Noch besser ist es, wenn Sie mit anderen Webseitenbetreibern darüber reden.

Woran erkenne ich, dass Google da war?

Ihr Statistiktool gibt Ihnen entweder einen konkreten Hinweis auf den Besuch des Googlebots oder zeigt Ihnen – viel wahrscheinlicher – eine lange Liste von IP-Adressen, die für Sie zunächst wenig Sinn ergibt. Das Problem: Google stellt keine öffentliche Liste mit IP-Adressen zur Verfügung, die Webmaster auf die weiße Liste setzen können. Der Grund ist, dass sich die IP-Adressbereiche ändern können und dies im Fall der Hartcodierung der Adressen zu Problemen führt. Zugriffe durch den Googlebot identifizieren Sie daher am einfachsten mit Hilfe der Webmaster-Tools von Google.

Das sollten Sie ausprobieren:

Da Sie ja mittlerweile wissen, dass sich das Web ständig bewegt und verändert, sollten Sie versuchen, immer auf der Höhe des Geschehens zu bleiben. Besuchen Sie Foren, tragen Sie sich bei (zumeist kostenlosen) SEO-Newslettern ein und lesen Sie regelmäßig Fachartikel, um auf dem neuesten Stand zu bleiben. Alle Informationen, die Sie brauchen, liegen auf der Straße und sind in der Regel gratis. Bleiben Sie am Ball. Nützliche Informationen finden Sie zum Beispiel unter **www.searchenginejournal.com** oder auf der Webseite der Bonner Firma Sistrix: **www.sistrix.de**.

45

It's my party ...

Linkeinladungen annehmen, ohne verzweifelt zu wirken

Manchmal müssen Sie Ihr bestes Pokerface aufsetzen, um gute Links zu Ihrer Seite zu erhalten, ohne dass Sie im Gegenzug etwas wirklich Gleichwertiges bieten können. Auf lange Sicht können Sie dabei nur gewinnen.

Fetter Spoiler

Ich traf mal einen Kunden, der auf seiner Webseite Spezialausrüstung für Boy-Racer-Cars verkaufte, also Bastelzubehör der besonderen Art, wenn man so will. Wir führten eine lange Diskussion über die Bedeutung eingehender Links und ich schlug meinem Kunden vor, sich aktiv in den Foren seiner Branche zu betätigen. »Bei den meisten bin ich doch schon Mitglied«, antwortete er.

Er machte keine Witze. Innerhalb der vergangenen drei Jahre hatte er rund 5.000 Posts in verschiedenen Foren und Chatrooms platziert. Das Gute an Foren ist ja, dass jeder User ein Profil erstellen kann, und ein wichtiger Teil dieses Profils ist die URL zur eigenen Seite. Die meisten Leute stellen dort nur einen Link zu ihrer Facebook- oder MySpace-Seite ein. Mein Tipp: Geben Sie ab sofort auch immer Ihre Webadresse an. Die erwähnte Firma, die Ausrüstungsteile für Autos verkaufte, war dafür geradezu prädestiniert, da der Inhaber kompetent auf entsprechenden Autoseiten chattete und relevante Beiträge lieferte. Er nahm umgehend die Firmen-URL in sein Profil auf, wodurch jeder seiner Beiträge um einen Link zu seiner Webseite ergänzt wurde. Mit über 5.000 relevanten Links zu seiner Seite wurde diese praktisch über Nacht zu einer der ersten Adressen der Branche und erreichte einen PageRank von sieben.

Verzichten Sie auf gekaufte Links

In England haben Linkkäufe schon große politische Parteien in ein schlechtes Licht gerückt, und auch Ihrer Firma könnten sie schaden. Es gibt eine wachsende Zahl von Webseiten mit hohem PageRank, die gegen Bezahlung einen Link zu Ihnen setzen möchten. Machen Sie nicht den Fehler, dadurch Ihre Reputation bei Google aufs Spiel zu setzen. Ich kann Ihnen zwar nicht sagen, weshalb Google diesen Handel meist durchschaut, aber ich kenne sehr viele Beispiele, bei denen die entsprechenden Seiten massiv abgestraft wurden, da Google sich getäuscht fühlte. Der Kauf von Inbound-Links wird früher oder später auffallen. Versuchen Sie deshalb immer, echtes Interesse für Ihre Webseite zu erzeugen. Auch Google wird das freuen.

Das sollten Sie ausprobieren:

Vermutlich sind Sie schon selbst auf die Idee gekommen: Jetzt wäre es an der Zeit, im Internet nach einem Forum zu suchen, das mit Ihrer Branche in engem Zusammenhang steht. Sie werden überrascht sein, zu welchen Themen es Foren gibt. Falls Sie ein neues Produkt oder eine bisher einzigartige Dienstleistung haben – umso besser: Dann starten Sie selbst ein Forum. Werden Sie die Autorität auf Ihrem Gebiet und geben Sie all den Leuten ein Zuhause, die sich über dieses Thema austauschen wollen.

46

Yahoo! & Co.

Halten Sie die Augen auf

Auch wenn Google mit Abstand die Nummer eins ist, sollten Sie sich die Freiheit nehmen, auch mit anderen Suchmaschinen zu liebäugeln.

Unterhalten Sie die Massen

Andere Suchmaschinen sind zwar deutlich kleiner, doch obwohl Google in deutschsprachigen Ländern derzeit rund 90 Prozent des Marktes belegt, bleiben da immer noch zehn Prozent, die Sie nicht außer Acht lassen sollten. Sind Sie auch bei Bing, Yahoo! oder AltaVista gut vertreten? Falls nicht, finden Sie heraus, weshalb das so ist. Theoretisch sollten Sie auch bei den anderen Suchmaschinen gut gelistet sein, wenn Sie bei Google ein hohes Ranking haben. Das ist aber nicht immer der Fall. Wenn ich ehrlich bin, muss ich zugeben, dass schon viele meiner Webseiten so ziemlich überall gut gelistet waren, außer bei Google.

Branchenverzeichnisse

Es gibt sie nach wie vor und sie werden auch benutzt. Branchenverzeichnisse haben lediglich das Problem, dass sie relativ schlecht beworben werden. Jeder Stadt- oder Gemeinderat hat ein Verzeichnis der Firmen und Geschäfte seiner Region, und die meisten geben Ihnen gerne die Möglichkeit, sich dort einzutragen. Ich erhalte heute noch Anfragen des Stadtrats von Bedford City, weil auf deren Webseite meine Firma Toytopia aufgeführt war. Die Firma wurde zwar schon vor vier Jahren verkauft und bald darauf in eine andere integriert, aber immer noch kommen Reaktionen von Leuten, die mich über dieses Firmenverzeichnis gefunden haben. Solche Seiten funktionieren also, kosten meistens keinen Cent und ermöglichen Ihnen einen zusätzlichen Link auf Ihre Seite.

Feuerwehr, Müllabfuhr ... und dann Sie

Vielleicht stehen Sie auf Kriegsfuß mit Ihrer Stadtverwaltung, da sie nicht in der Lage ist, für Ruhe und Ordnung zu sorgen, sondern stattdessen Steuergelder auf unvernünftige Art und Weise ausgibt. Sie können das Ganze aber auch anders sehen und sich zumindest von den Abteilungen helfen lassen, die fürs lokale Gewerbe zuständig sind.

Wohnen Sie in einer größeren Stadt, sollten Sie mal mit den Leuten von der Wirtschaftsförderung sprechen und ihnen Ihre Firma oder Ihre Dienstleistung vorstellen. Im schlechtesten Fall werden Sie in irgendein Verzeichnis aufgenommen, im besten Fall bekommen Sie Ratschläge, interessante Kontakte und finanzielle Unterstützung. Denken Sie immer daran, dass diese Leute auf Erfolgsgeschichten angewiesen sind, mit denen sie die Attraktivität des Standorts belegen können. Das verschafft Ihnen vielleicht sogar einen Artikel in der Lokalpresse und ist insgesamt gute Werbung für alle Beteiligten.

Das sollten Sie ausprobieren:

Erstellen sie mit Hilfe von **www.marketleap.com** einen Report und finden Sie heraus, bei welchen Suchmaschinen Sie noch nicht vertreten sind. Ich kann es gar nicht oft genug betonen: Obwohl Google momentan der Platzhirsch ist, sollten Sie die Konkurrenz im Auge behalten, denn im Webbusiness kann sich alles sehr rasch ändern. Stellen Sie sicher, dass Sie bei allen relevanten Suchmaschinen auffindbar sind.

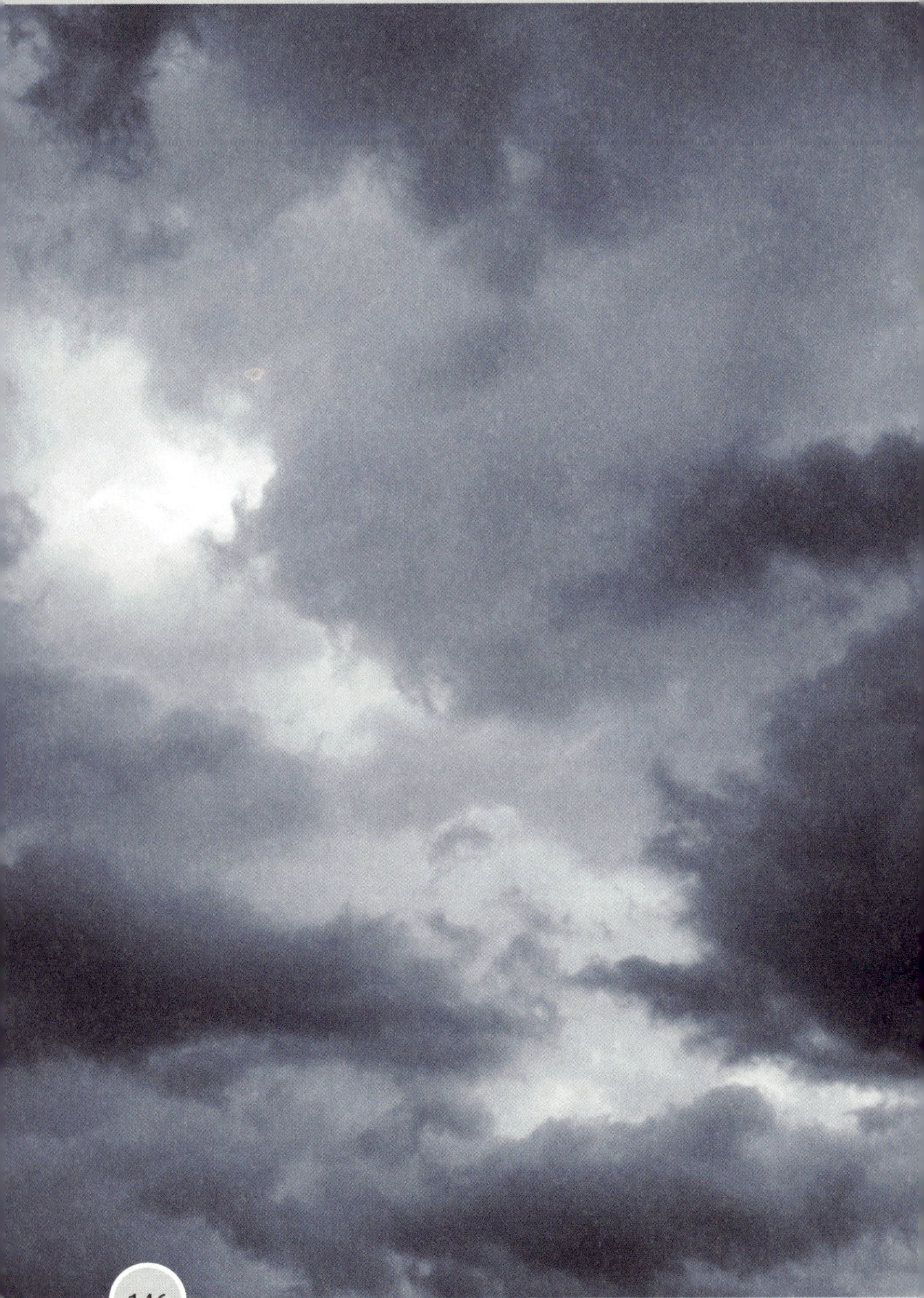

47

Negative Presse

Gedisst werden

Ganz egal, wie professionell Sie Ihre Firma und Ihre Webseite im Internet bewerben – es wird immer jemanden geben, der nicht gut auf Sie zu sprechen ist. Ein übel gelaunter Kunde, ein frustrierter Ex-Mitarbeiter oder ein unangenehmer Zeitgenosse.

Mies gelaunte Kunden sprechen ihren Missmut nicht immer direkt aus, sondern lassen oft irgendwo im Web Dampf ab. Manchmal schreiben sie negative Einträge in Foren oder in eigenen Blogs. Es gibt aber auch Konkurrenten, die die Anonymität des Internets gezielt dazu nutzen, manipulierte Kommentare und schlechte Meinungen über Mitbewerber zu platzieren.

Ganz egal, wie gut oder schlecht Ihre Firma wirklich arbeitet – es wird immer Leute geben, die etwas Negatives über Ihre Webseite schreiben, auch wenn Sie ursprünglich sogar daran interessiert waren, diesen Leuten zu helfen. Was ist also zu tun, wenn bei Suchanfragen zu Ihrer Firma an vorderster Stelle negative Kommentare erscheinen?

Wer fragt, gewinnt

Diese Situation ist gar nicht so unwahrscheinlich, wie Sie vielleicht meinen. Alle Webseitenbetreiber sind sich über die Bedeutung von Rankings und Suchmaschinenmarketing im Klaren und streben möglichst hohe Platzierungen in dem für sie relevanten Umfeld an. Am sinnvollsten ist es deshalb, wenn Sie dem Webmaster einer Seite mit negativen Kommentaren über Ihre Firma eine höfliche E-Mail schreiben und ihn darum bitten, einen unfairen Kommentar zu entfernen. Sehr oft willigen die zuständigen Webmaster ein, vor allem wenn Regeln der Netiquette verletzt wurden. Gerade Betreiber von Foren haben wenig bis gar keine Kontrolle über die Qualität und Korrektheit der Beiträge. Bleiben Sie aber immer höflich und lieber übertrieben bescheiden als fordernd. Drohen Sie keinesfalls mit Abmahnungen oder ähnlichen juristischen Schritten. Die meisten Webmaster kommen Ihnen freiwillig entgegen, wenn Sie das Problem korrekt und freundlich erläutern.

Belohnen Sie freundliches Feedback

Suchen Sie nach Webseiten, die sich wohlwollend und positiv über Ihren Webauftritt äußern – in Form von Links, Kommentaren oder Empfehlungen. Verweisen Sie Ihrerseits auf diese Seiten und verhelfen Sie ihnen dadurch zu mehr Popularität. Würden das alle Firmen so machen, erhielten Webseiten mit positiven Kommentaren generell mehr eingehende Links und somit auch höhere Rankings als Seiten, auf denen bloß Frust und Pöbeleien abgeladen werden. Ich muss zugeben, dass dies zwar nicht der ideale Weg ist, um das Ranking Ihrer Webseite zu verbessern, doch von zwei Übeln wählen Sie definitiv das kleinere.

Wikipedia

Webseiten wie *www.AboutUs.org, http://maps.google.com/local/add?hl=de, www.firmen-infoport.de* oder *www.firmen-infos.ch* erlauben Ihnen, einen Artikel über Ihre eigene Firma einzustellen. Wenn Ihre Firma wichtig genug ist, gibt es vielleicht auch schon einen Eintrag bei Wikipedia. Diese Seite wird dann mit angezeigt, wenn jemand nach Ihrem Firmennamen sucht. Eine Referenz auf Wikipedia ist natürlich wertvoll, da Ihre Firma oder Ihr Produkt mit einem Lexikoneintrag gewissermaßen als offizielles Kulturgut anzusehen ist – zumindest in der Welt des Web 2.0.

Das sollten Sie ausprobieren:

Wer außer Ihnen selbst wird auf die Idee kommen, eine Wikipedia-Seite über Sie einzurichten? Das wäre also der nächste Job für Sie. Klar, dass viele Firmen einen Wikipedia-Eintrag selbst einpflegen. Lesen Sie dazu aber unbedingt die Wikipedia-Richtlinien und die Liste der FAQ. Sinnvollerweise sollten Sie dafür sorgen, dass alle Angaben korrekt und mit entsprechenden Links belegt sind. Bei Wikipedia ist es sehr wichtig, dass Sie Quellen angeben und externe Referenzen verifizierbar sind. Anderenfalls wird Ihr Eintrag von den Administratoren gelöscht.

48

Das müssen Sie mir erklären!

SEO kurz und bündig

»Können Sie mir bitte zusammenfassend erklären, was ich jetzt genau zu tun habe, um meine Webseite in Gang zu bringen?« Aber gern.

Die Bonner Firma Sistrix hat sich die Mühe gemacht, alle Webseiten-elemente der Firmenauftritte zu analysieren, die bei Google sehr hohe Rankings erzielen. Dazu wurden rund 10.000 Keywords analysiert und für jedes Keyword die Top-100-Suchresultate ermittelt.

Welche Elemente führen zu hohen Google-Rankings?

Sistrix analysierte den Einfluss folgender Elemente: Title-Tag, Body-Text, Überschriften-Tags, Bold/Strong Tags, Dateinamen, Alternativ-Text, Hostname, Pfad, Parameter, Dateigröße, eingehende Links und PageRank.

• Keywords im Title-Tag scheinen für hohe Google-Rankings von großer Bedeutung zu sein. Ebenfalls wichtig ist es, dass die Target-Keywords – also das, wonach gesucht wird – auch im Body-Text erwähnt werden, obwohl der Title-Tag eindeutig höhere Priorität genießt.

• Keywords in den Hierarchiestufen H2 bis H6 scheinen im Gegensatz zu H1-Tags einen großen Einfluss auf die Rankings zu haben. Offenbar geht Google davon aus, dass sich eine Webseite, die nur H1-Tags verwendet, zu wenig Mühe gemacht hat, den Inhalt nach Wichtigkeit zu gliedern. Die Verwendung von Keywords in fetter beziehungsweise hervorgehobener

• Auszeichnung (<b> oder <strong>) scheint einen leichten Effekt auf das Ranking zu haben, wobei Webseiten, die Keywords in Dateinamen verwenden, hier einen kleinen Vorteil genießen. Dasselbe scheint bei Keywords in Alt-Text der Fall zu sein.

• Webseiten, die Keywords im Hostnamen (Domain inklusive aller Subdomains) verwenden, hatten bei der Untersuchung sehr oft höhere Rankings, was vermutlich auch daran liegt, dass solche Seiten viele eingehende Links mit dem Domainnamen als Linktext erhalten.

• Keywords im Pfad scheinen hingegen keinen wesentlichen Effekt auf die Google-Rankings zu haben. Seiten ohne oder mit nur wenigen Parametern in der URL (beispielsweise »?id=123«) scheinen ebenfalls höhere Rankings zu bekommen als URLs mit vielen Parametern.

• Die Dateigröße scheint das Ranking einer Webseite bei Google nicht zu beeinflussen, obwohl kleinere und schlanke Webseiten tendenziell eher etwas besser dastehen als große, schwerfällige.

• Es ist keine Überraschung, dass die Anzahl von Inbound-Links (eingehende Links) und die Höhe des PageRanks einen sehr großen Einfluss auf das Google-Ranking haben. So hatte die bei Google am besten bewertete Seite auf Platz eins rund viermal mehr eingehende Links als die auf Platz elf.

Die vollständige Studie finden Sie übrigens kostenlos unter: *http://www.sistrix.de/ranking-faktoren/*

Das sollten Sie ausprobieren:

Schauen Sie sich mit Ihrem Webentwickler die Verwendung von Header-Keywords im Code der Webseite an: Wenn Sie viele H1-Tags haben, sollten Sie diese aufsplitten, und zwar in der Reihenfolge ihrer Wichtigkeit in H1- bis H6-Tags. Wenn es auf Ihrer Webseite gar keine Header-Tags gibt, sollten Sie welche ergänzen, aber nicht allen den H1-Status zuweisen. Auch hier gilt die alte Regel: Weniger ist mehr.

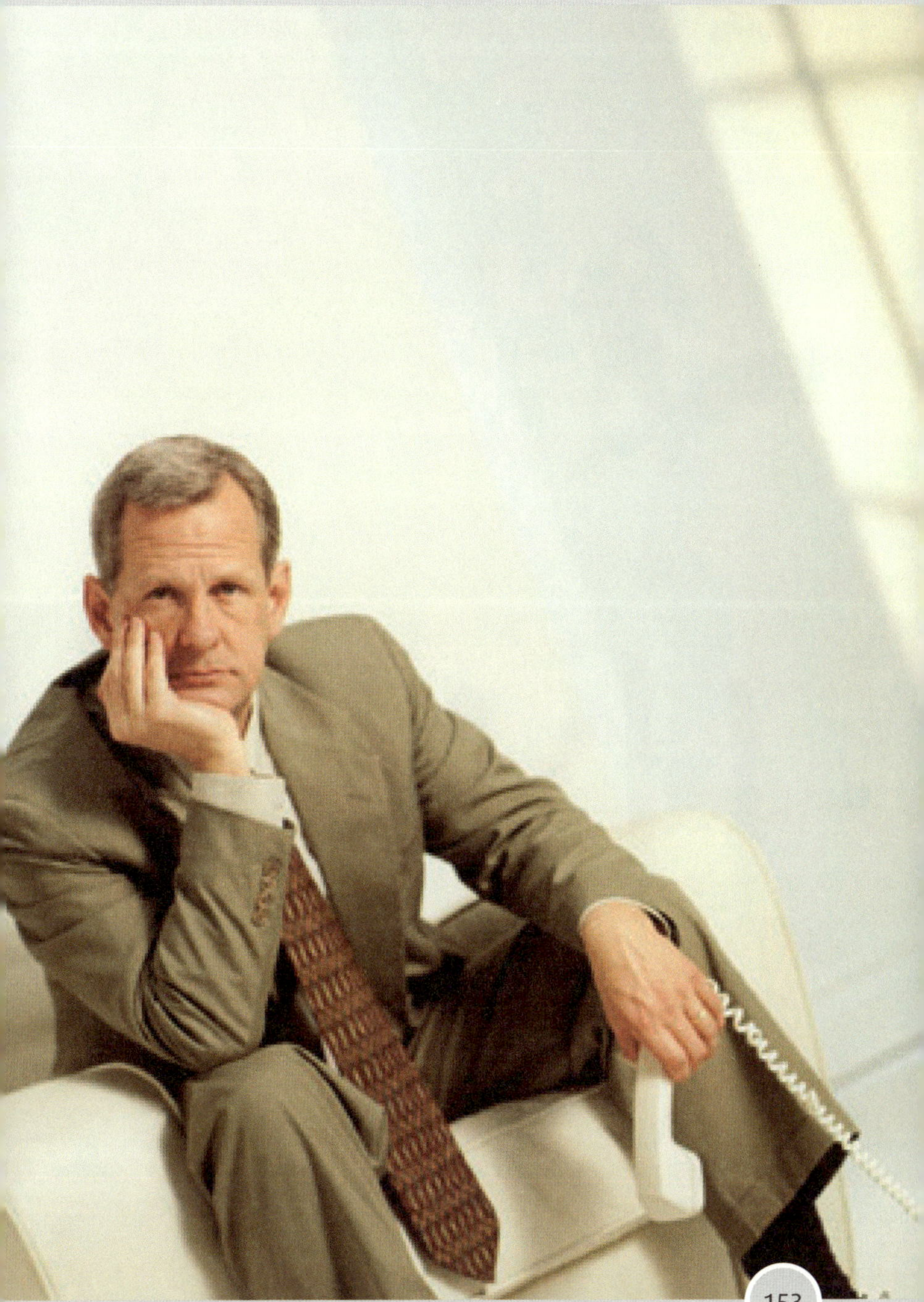

49

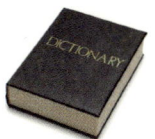

Google AdWords

Zahlen Sie, um der Erste zu sein

»Ich habe alle Ihre Ratschläge befolgt und bin auf Seite eins bei Google gelandet. Vielleicht schaffe ich das auch noch für ein paar weitere Keywords, aber was kommt dann?«

Weshalb AdWords?

Wie schon mehrfach erwähnt, sollte man nie vergessen, dass Google kein Wohltätigkeitsverein ist, sondern eine marktorientierte Firma. Als solche wird sie es sich nicht leisten können, eine derart aufwendige und kostspielige Suchmaschine mit Tausenden von Angestellten weltweit nur zum Spaß zu unterhalten. Schon allein um die vielen Aktionäre zufriedenzustellen, muss Google Geld verdienen. Anders als viele andere Suchmaschinen verfolgte Google schon immer eine besondere Strategie: So waren auf der Homepage nie Inserate oder Banner von Werbekunden zu sehen. Dieser klare und angenehm unaufdringliche Ansatz machte Google attraktiv für Anwender, die keine Lust auf störende Werbung hatten. Aber womit macht Google sein Geld?

Was Google mit seinem AdWords-Konzept gemacht hat, ist eigentlich nichts anderes als eine Onlineauktion von Worten und Formulierungen in jeder erdenklichen Sprache – darauf muss man erst mal kommen! Niemand muss an dieser Auktion teilnehmen, aber von Natur aus ist der Mensch nun mal kompetitiv, und wenn wir einen unserer Mitbewerber in der rechten Google-Spalte sehen, wollen wir dort ebenfalls vertreten sein. Je populärer ein Keyword ist, desto rascher geht der Preis nach oben – genau damit macht Google Geld. Millionen von Firmen auf der ganzen Welt zahlen für einen kleinen Gastauftritt auf Googles Suchergebnisseite.

Im vierten Quartal 2009 konnte Google laut *www.internetmarketingnews.de* den Umsatz gegenüber dem Vorjahr um sieben Prozent auf 5,94 Milliarden Dollar steigern. Der Umsatz mit eigenen Seiten betrug 3,96 Milliarden Dollar – ein Plus von acht Prozent. Insgesamt hat Google 67 Prozent des Umsatzes mit eigenen Seiten erwirtschaftet. 30 Prozent entfallen auf Partnerseiten. Hier konnte der Umsatz um sieben Prozent auf 1,8 Milliarden Dollar gesteigert werden. 53 Prozent des Umsatzes wurden im Ausland erwirtschaftet. Im Vorjahreszeitraum waren es 51 Prozent.

www.google.com/adwords

Das Einrichten von Google AdWords ist nicht allzu schwierig, doch Sie sollten sich Zeit nehmen, die Hilfe und die FAQ gründlich zu lesen. Google weiß natürlich, wie das eigene System funktioniert, und bietet nützliche Erklärungen.

AdWords ist eine feine Sache, aber je nach Branche sind die Preise für entsprechende Keywords mittlerweile reichlich teuer geworden. AdWords berechnet Ihnen eine Gebühr für jeden Klick, den ein Anwender auf Ihr Inserat macht. Je mehr Sie zu zahlen bereit sind, desto weiter oben erscheinen Sie in der Liste der »Sponsored Links«, und je höher Sie Ihr Tagesbudget ansetzen, desto mehr User werden Ihr Inserat sehen und (hoffentlich) anklicken. Sobald Ihr Tagesbudget aufgebraucht ist, wird Ihr Inserat ausgeblendet und erst am nächsten Tag wieder sichtbar gemacht. Dies erlaubt Ihnen als Firma eine klare Kontrolle des Onlinemarketing-Budgets, und Sie sehen rasch, ob eine Kampagne funktioniert, ob sie angepasst oder gestoppt werden muss.

Das sollten Sie ausprobieren:

Die Nutzung von Google AdWords erfordert keinen großen Aufwand: Sie melden sich an, gestalten eine Anzeige, geben Ihre Kreditkartendaten an, fertig. Ihr Inserat wird sofort angezeigt – und zwar allen Anwendern, die in den von Ihnen festgelegten Regionen danach suchen. Starten Sie mit einem eher kleinen Budget (beispielsweise fünf Euro pro Tag). Ihr Inserat wird nur so lange gezeigt, bis das Budget erschöpft ist. Wenn Sie etwas intensiver in das Thema Google AdWords einsteigen möchten, empfehlen wir Ihnen das Buch »Google AdWords Advanced« von Guido Pelzer, das ebenfalls im Midas Verlag erschienen ist.

50

Ich mache Sie zur Nummer eins!

Vorsicht vor den »Spezialisten«

Immer wenn es irgendwo gutes Geld zu verdienen gibt, sind auch Abzocker nicht weit. Die Werkzeuge und Techniken, die Ihnen von vielen »SEO-Spezialisten« angeboten werden, unterscheiden sich im Großen und Ganzen nicht von den Tipps, die Sie in diesem Buch vorfinden – mit der Ausnahme, dass Sie ein Vielfaches für dieselbe Information zahlen.

Ein teures Geschäft

Webdesigner, Web- und Software-Entwickler umgab lange Zeit eine Aura der Allwissenheit. Ähnlich wie die Alchemie im Mittelalter war die Kunst der Webseiten ein Buch mit sieben Siegeln, zu dem wir Normalsterblichen keinen Zugang besaßen. Wir mussten uns so lange auf die Expertenmeinung verlassen, wenn es um das Aufsetzen, das Programmieren oder auch die Gestaltung unserer Webseiten ging, dass wir uns daran gewöhnt haben. Und genau davon gehen viele selbst ernannte Experten auch jetzt noch aus.

Ich möchte keineswegs den Webprofis die Existenzberechtigung absprechen. Im Gegenteil: Sie bieten in der Regel einen professionellen Service und werden in der Regel ebenso professionell dafür entlohnt. Aber wie in jeder Branche suchen auch viele Webentwickler nach neuen Einnahmemöglichkeiten. Was liegt da näher, als jemandem, dem man bereits die Webseite eingerichtet hat, auch noch weitere Dienstleistungen anzubieten? SEO drängt sich da schon fast auf.

Das Auslagern der Suchmaschinenoptimierung kostet Sie je nach Umfang der Dienstleistung zwischen 200 und 1.000 Euro pro Monat. Natürlich ist das abhängig von den Keywords und dem Ausmaß der Konkurrenz, gegen die Sie antreten müssen. Außerdem kommt es auf den Umfang der Aufgaben an, die Sie extern vergeben wollen: zum Beispiel Überwachung von Ranking und Konkurrenz, stetiger Linkaufbau mit Anschreiben von Linkpartnern, eventuelle Anrufe, Erstellung von Unique Content usw. Können die zu erwartenden (Mehr-)Einnahmen mit diesen Aufwendungen mithalten? Wie viel können Sie inhouse erledigen, wie viel wollen Sie einem externen Dienstleister übertragen?

Rechnen Sie nach

Jetzt, wo Sie mit dem entsprechenden Grundlagenwissen ausgestattet sind, die Techniken und den Fachjargon kennen, kann es für Sie durchaus kostengünstig sein, in bestimmten Bereichen ganz gezielt einen Dienstleister auf monatlicher Basis zu beauftragen, Ihre Suchmaschinenoptimierung auf dem Laufenden zu halten, während Sie selbst sich auf Ihre Kernkompetenzen konzentrieren. Natürlich hängt Ihr Vorgehen von Ihrem Gesamtumsatz und Ihrer personellen Ausstattung ab. Immerhin können Sie jetzt die richtigen Fragen stellen, Sie kennen die Fachsprache und haben eine Checkliste aller Dinge vor Augen, die Sie in Auftrag geben müssen und die für die Optimierung Ihrer Seite relevant sind. Wenn Sie ein Auftraggeber bleiben möchten, sind Sie jetzt zumindest ein sehr gut informierter Auftraggeber.

Das sollten Sie ausprobieren:

Es geht hier ums Geschäft. Falls Sie mit einem externen Dienstleister zusammenarbeiten möchten, sollten Sie Empfehlungen einholen und sich im Web umschauen. Was bietet der SEO-Dienstleister genau an? Was kann er, was ich nicht kann? Was kann er, was andere nicht können? Welche konkreten Versprechungen macht er? Welche »Zückerchen« bietet er Ihnen, um Sie als Kunden zu gewinnen? Welche Risiken und Chancen gibt es? Welche Kunden hat der Dienstleister bereits (Kunden der gleichen Branche sind eher von Nachteil für Sie)? Ist die Firma auf Messen präsent? Ich empfehle Ihnen, mindestens auf einem Monat mit signifikanten Verbesserungen Ihrer Listung zu bestehen, bevor das erste Geld fließt. Und stellen Sie sicher, dass sich auch noch Monate nach der Auftragserteilung jemand um Ihre Webseite kümmert.

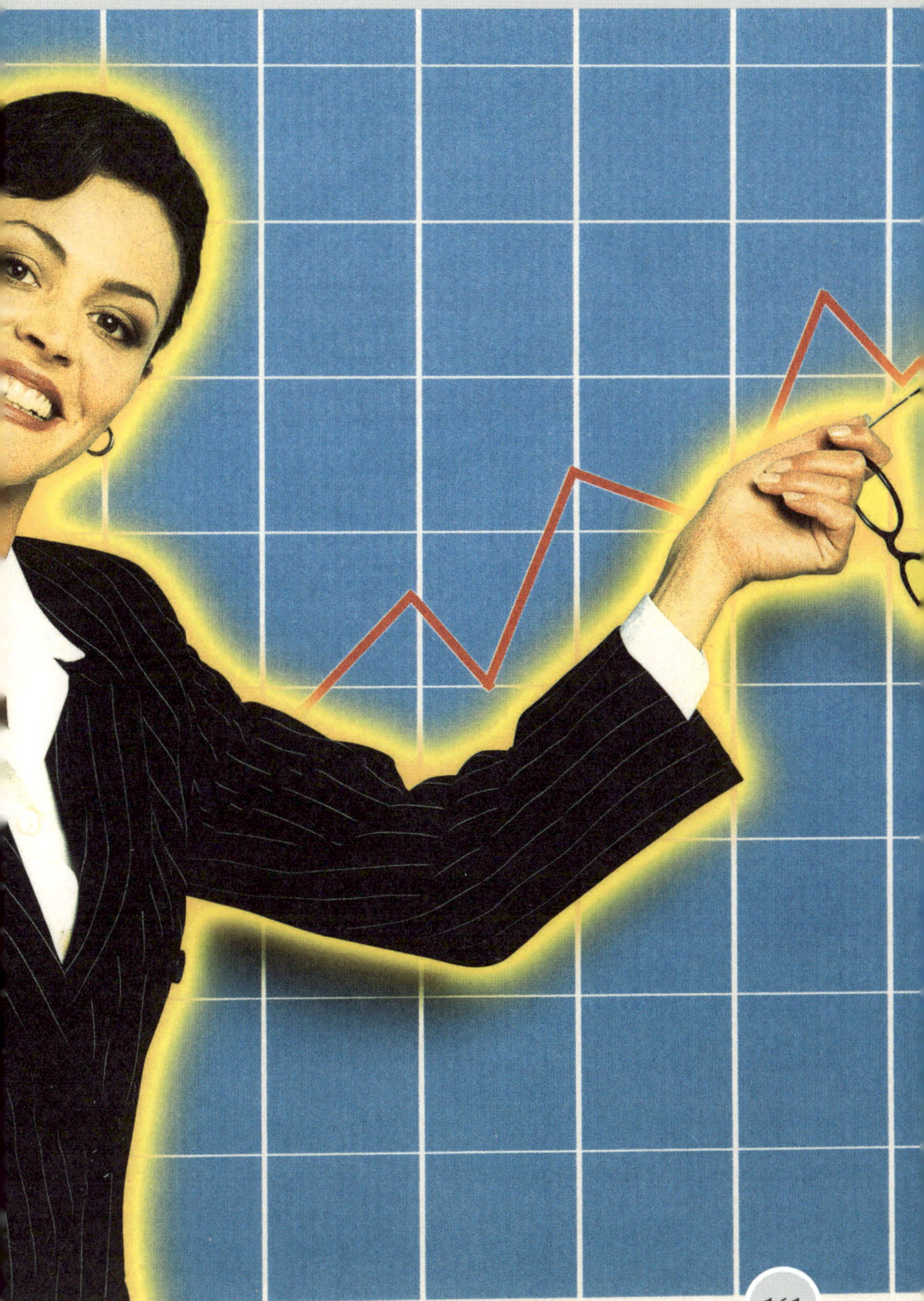

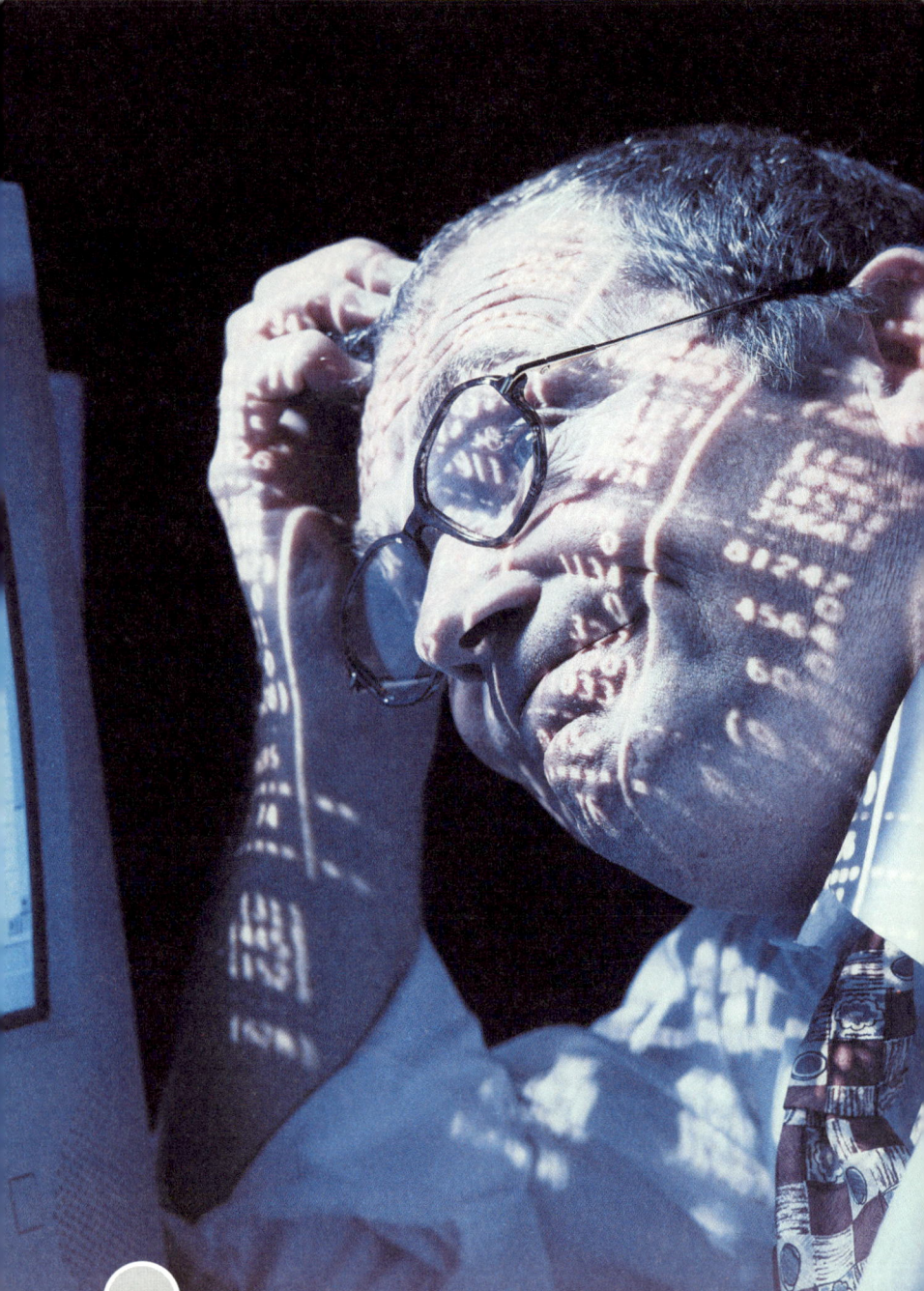

51

Funktioniert das so?

Überwachen Sie Ihre Suchresultate durch Anwendertests

Tests sind von fundamentaler Bedeutung für ein erfolgreiches Suchmaschinen-marketing. Firmen, die meinen, darauf verzichten zu können, können ebenso gut 20-Euro-Scheine rauchen.

Manchmal schmerzt die Wahrheit

Anwendertests brauchen viel Zeit und können teuer werden – allerdings nie so teuer wie ein vermeidbarer Flop. Die Kommentare Ihrer Tester können Sie im besten Fall ein wenig enttäuschen, da Ihre neue Webseite vielleicht nicht gerade das ist, worauf die Welt gewartet hat. Im schlechtesten Fall müssen Sie Ihre komplette Marketingstrategie in Bezug auf Suchmaschinen neu überdenken. So oder so werden Sie aber aus professionellen und kontinuierlich durchgeführten Anwendertests wertvolle Erkenntnisse erhalten. Solche Tests müssen unbedingt außerhalb der Kreise durchgeführt werden, die ein begründetes Interesse am Erfolg der zu testenden Webseite haben. Wenn alle Beteiligten denselben Zahlmeister haben, erhalten Sie nicht das erwünschte Feedback …

Was ist zu tun?

Anwendertests können auch mit kleinem Budget durchgeführt werden, denn jeder, der einen Browser bedienen kann, ist grundsätzlich als Tester geeignet. Erstellen Sie ein Briefing für Ihre Tester, in dem Sie die Firma kurz vorstellen, die zu testende Webseite präsentieren und vor allem klar angeben, was Sie herausfinden möchten. Stellen Sie spezifische Suchaufgaben. Wenn Sie beispielsweise eine Webseite testen wollen, die sich auf Ferien in Villen spezialisiert hat, könnten Sie einen Tester nach bestimmten Urlaubszielen suchen lassen (»Villa in Zypern«, »Villa Spanien« usw.) und einen anderen nach Kategorien (»Villa«, »Urlaub«, »Luxus«, »Selbstversorger« etc.). Tragen Sie alle Resultate zusammen: Ihre Position auf der Seite, die Position Ihrer Mitbewerber, die Position ihrer AdWords-Anzeige usw.

Sie sollten jeweils mehrere Tester auf denselben Suchbegriff ansetzen. Verhindern Sie, dass sich Tester untereinander austauschen und ihre Notizen vergleichen, aber behandeln Sie die Leute nicht wie Verbrecher. Erst wenn der gesamte Testvorgang abgeschlossen ist, können Sie Verbindungen und Zusammenhänge zwischen den Resultaten herausfiltern.

Das sollten Sie ausprobieren:

Wenn Sie eine Gruppe von Testern auf eine keywordspezifische Seite ansetzen, sollten Sie diese unbedingt herausfinden lassen, ob die Seite die zugrunde liegende Fragestellung beantwortet. Ein Beispiel: Nehmen wir an, Sie sind aus der Kosmetikindustrie und wollen eine neue Hautcreme mit hohem Aloe-vera-Anteil verkaufen. In diesem Fall müssen Sie Ihre Tester fragen, ob die Seite zum einen die Bedeutung von Aloe Vera gut erklärt und zum anderen klar herausstellt, dass gerade Ihre Creme dank des hohen Anteils deutlich wirkungsvoller ist als alle anderen auf dem Markt. Natürlich muss auch jedem Besucher der Webseite klar sein, wo er diese Hautcreme bekommen kann. Die Sichtweise potenzieller Anwender kann für Sie von unschätzbarem Wert sein. Nehmen Sie deshalb auch zur Kenntnis, was die Tester von Farbwahl, Layout, Sprache und Benutzerfreundlichkeit halten. Vielleicht stellen Sie fest, dass sich alle an der Farbe der Verpackung stören oder die Tonalität der Webseite nicht mit der des Produkts übereinstimmt. Vielleicht kommen die verwendeten Farben bei der Hauptzielgruppe überhaupt nicht an. Indem Sie alle diese kleinen Ungereimtheiten und Probleme lösen, erhalten Sie am Ende eine wirklich gute Seite. Und genau das ist es, was Interessenten, die über Google auf Sie gestoßen sind, letztlich zu Kunden macht.

future?

52

Es ist noch kein Meister vom Himmel gefallen

Ein Wort der Warnung

»Schauen Sie mich an! Jetzt bin ich der King, stehe weltweit auf Platz eins bei allen wichtigen Keywords. Ich bin nicht mehr zu stoppen. Mir gehört das Web ...«

Geduld ist der Vater des Erfolgs

Mit Ihrer neu erworbenen Obsession für Suchmaschinenmarketing haben Sie den Jackpot geknackt und stehen auf Platz eins der Suchmaschinenanfrage. Das ist schön, doch Sie können sicher sein, dass es nicht lange dauert, bis Ihnen jemand diesen Platz streitig macht und Sie vom Thron stürzt. Verlieren Sie nie Ihre Ziele aus den Augen. Wie schon mehrfach erwähnt, ändert sich das Web ständig. Neue Webseiten schießen wie Pilze aus dem Boden, alte geraten in Vergessenheit. Denken Sie immer daran, dass Ihre Mitbewerber den ersten Platz mit einer ähnlichen Verbissenheit anstreben, die Sie dorthin gebracht hat.

Berücksichtigen Sie, dass Suchmaschinenoptimierung viel Zeit braucht. Es gibt keine Sofortlösung, mit Hilfe derer Sie über Nacht den gleichen Erfolg haben wie Amazon, eBay oder YouTube. Zunächst wird es mal ein paar Wochen dauern, bis Google seinen Googlebot überhaupt zu Ihnen schickt (ganz egal, ob Sie darum gebeten haben oder nicht). Es gibt Millionen Webseiten, die um die Aufmerksamkeit von Google und

Co. buhlen. Der Optimierungsprozess braucht Zeit, doch verlieren Sie nicht den Mut. Wenn Sie sauber nach den Regeln spielen, die Anzahl der Inbound-Links von relevanten Webseiten erhöhen, Ihre Seite aktuell und interessant halten und die Entwicklung konstant überwachen, wird Ihre Webseite schon bald ein hohes Ranking erhalten. Dazu benötigen Sie jedoch Geduld – eine Eigenschaft, die heutzutage im Geschäftsleben oftmals abhanden gekommen ist.

Gestern Erster, heute Dreizehnter

Google und andere Suchmaschinen entwickeln sich ständig weiter. Klar, dass Google immer dann seinen Algorithmus ändert, wenn zu viele Leute herausgefunden haben, mit welchen Tricks sie ihr Ranking erhöhen können. Vor einigen Jahren war es total in, möglichst viele reziproke Links zu haben, heute ist das kalter Kaffee. Ich bin sicher, das in sechs Monaten wieder andere Sachen in oder out sind. Die meisten der in diesem Buch vorgestellten Tipps sind zeitlos. Letztlich ist es aber Ihre Verantwortung als Webseitenbetreiber, auf dem Laufenden zu bleiben und sich immer wieder aufs Neue zu informieren.

Das sollten Sie ausprobieren:

Wenn Sie Ihr Ranking bei Google über einen Zeitraum von etwa einem Jahr kontinuierlich verbessert haben, ist es an der Zeit, eine Bestandsaufnahme vorzunehmen und neue Ziele für das nächste Jahr zu definieren. Tippen Sie dazu das für Sie im kommenden Jahr wertvollste Keyword ein und schauen Sie, wo Sie damit derzeit bei Google stehen. Vielleicht auf der dritten Seite, vielleicht auch noch weiter hinten? Dies ist von nun an Ihre neue Grundlinie, an der Sie sich orientieren müssen. Für die nächsten zwölf Monate sollten Sie sich vornehmen, Ihre Position signifikant zu verbessern. Drucken Sie sich die Seite mit dem Suchergebnis aus und hängen Sie sie an die Wand. Die bereits gelernten Techniken und Tipps können Sie dazu nutzen, Ihr neues Ziel zu erreichen, um in genau einem Jahr noch besser dazustehen.

Index

Nicholas Bate
Krise? Nein, danke!
192 Seiten, Paperback, Format 13,5 x 20,5 cm
ISBN 978-3-907100-33-2, Euro 19,80 / sFr. 29.80

Dieser praxisorientierte Leitfaden für kleine und mittlere Firmen bietet wertvolle und direkt umsetzbare Tipps. Zeitgemäßes Management-Know-how, vermittelt in Form eines ermutigenden Antikrisenplans. »Handeln statt Jammern!« heißt dabei die Devise des Autors und in diesem Sinne liefert er kein langatmiges Geschwafel, sondern rund 170 praktische Anregungen und konkrete Aktionspläne.

Bernd Zipper
Strategie: Web-to-Print
272 Seiten, gebunden, Format 16,5 x 24 cm
ISBN 978-3-907020-79-1, Euro 39,80 / sFr. 72.–

Web-to-Print bedeutet für die grafische Industrie eine neue DTP-Revolution – weg vom lokalen Desktop, hin zum flexiblen Web-Arbeitsplatz. Bernd Zipper zeigt klar auf, wo die Vor- und Nachteile liegen und welche strategischen Punkte zu berücksichtigen sind. Dabei liefert er nicht bloß einen Marktüberblick, sondern Geschäfts- und Lösungsmodelle, die dem Leser wertvollen (sprich: geldwerten) Nutzen bringen.

Jay Conrad Levinson/Charles Rubin
Guerilla Marketing im Internet
256 Seiten, Paperback, Format 13,5 x 20,5 cm,
ISBN 978-3-907100-23-3, Euro 19,80 / sFr. 29.80

Die Firmenwebsite steht endlich – aber wo bleiben die Leute? »Guerilla-Experte« Levinson stellt in diesem Buch hundert praxisorientierte Strategien vor, mit denen das Marketingpotenzial des Internets mit wenig finanziellem Aufwand optimal genutzt werden kann. Dabei richtet sich Levinson ganz bewusst nicht an Internet- oder Marketingfachleute, sondern an Praktiker aus kleinen und mittleren Unternehmen.

Guido Pelzer
Google AdWords Advanced
272 Seiten, Paperback, Format 16,5 x 24 cm
ISBN 978-3-907020-23-4, ca. Euro 34,80 / sFr. 55.–

Dieses Buch richtet sich an Marketingverantwortliche und Entscheider in Klein- und Mittelbetrieben, die nach Tipps zur Optimierung ihrer AdWords-Werbung suchen und die Denk- und Arbeitsweise von Google verstehen möchten. Als zertifizierter Google-AdWords-Professional stellt der Autor zahlreiche Strategien und Tools vor, mit denen Kampagnen zielgerichtet und effizient geplant, gesteuert und kontrolliert werden können.

Fritz Reust
Mobile Marketing
240 Seiten, Paperback, Format 16,5 x 24 cm
ISBN 978-3-907100-35-6, ca. Euro 34,80 / sFr. 55.–

Mobile Geräte sind aus dem Kommunikationsalltag nicht mehr wegzudenken. Bereits jetzt kommunizieren wir Informationen in jeder Form, überall und jederzeit: Facebook und Twitter, Musik, Videos, TV, Radio, Games usw. Dieses Buch eines ausgewiesenen Experten richtet sich an Werbetreibende auf Agentur- und Kundenseite, die ihre Botschaften dem neuen Kommunikationsverhalten anpassen möchten.

Martin Bürlimann
Web Promotion 3
320 Seiten, Paperback, Format 16,5 x 24 cm
ISBN 978-3-907100-16-5, Euro 34,80 / sFr. 55.–

Dieses Standardwerk zeigt, wie Bannerwerbung funktioniert, wie sich die Instrumente in die Unternehmenskommunikation integrieren lassen und wie sich der Erfolg einer Website messen und auswerten lässt. Dabei bedient sich Bürlimann ganz bewusst einer klaren, verständlichen Sprache, so dass auch Leute, die keine Internet-Experten sind, mit den Anforderungen des neuen Mediums zurechtkommen.